VANESSA ENGELSTÄDTER

LASS DIE ANDEREN REDEN

Stresscoaching für einen gelassenen Umgang mit Menschen und Hunden

KOSMOS

INHALT

EINLEITUNG

Lieber lesender Mensch,

für eine bessere Lesbarkeit wird in diesem Buch nicht gegendert. Es wird die weibliche Ansprache oder allgemeiner das Wort „Mensch" gewählt. Männliche oder diverse Menschen dürfen sich genauso angesprochen fühlen.

Da es in diesem Buch weitestgehend um das Menschsein, den Emotionen und ihrer Regulation geht, ist es möglichst „traumasensibel" geschrieben. Das bedeutet, dass eventuelle Trigger mit dem Wort HINWEIS gekennzeichnet und Übungen, wie beispielsweise das Schließen der Augen, eine extra Beschreibung erhalten. Falls du ein betroffener Mensch bist und dir etwas in diesem Buch auffällt, das noch sensibler ausgedrückt werden kann, schreibe mich gerne an. Vielen Dank!

Dieses Buch kann dir als Inspirationsquelle und Ideengeber dienen. Es beinhaltet meine Erfahrung und mein Wissen aus 15 Jahren professionellem Mensch-Hund-Training und dem Stress- und Resilienztraining mit Berufsgruppen oder einzelnen Personen. Du wirst Geschichten und Beispiele lesen, die ich in meiner Arbeit erlebt habe. Manche sind zusammengefasst, weil sie in der Form besser zu dem Thema passen oder deutlicher die Vielschichtigkeit abbilden. Es ist ein Buch mit Tiefgang und sicher keine leichte Kost. Es ist so, wie wir Menschen sind: bunt, tiefgehend und komplex. Unsere Hunde sind dabei ganz wunderbare Begleiter und oft auch Spiegel unseres Verhaltens.

Mein Anliegen: Ich kenne dich wahrscheinlich nicht persönlich, liebe Leserin. An einigen Stellen wirst du dich trotzdem wiedererkennen, während andere Passagen überhaupt nicht zu dir passen. Jede Veränderung startet immer mit einem Verstehen der eigenen Prozesse, die aus deiner Lebensgeschichte resultieren. Das ist in dieser Kombination so einzigartig, wie du es bist. Ich empfehle dir, deswegen nach jedem Kapitel eine „Rosinenpause" einzulegen. Picke dir dabei die Rosinen aus dem Kuchen:

Was hat dir gefallen? Was würde dich persönlich weiterbringen? Was möchtest du ausprobieren? Und was möchtest du zukünftig lassen oder verändern?

Um deinen ganz individuellen und persönlichen Weg mitzugestalten, empfehle ich dir, zu diesem Buch einen Notizblock und einen Stift bereitzuhalten.

In meinem letzten Buch „Resilienz bei Hunden" habe ich die psychische Widerstandsfähigkeit mit dem Sinnbild eines Baumes beschrieben; die Wurzeln stellen dabei die wichtige Basis dar, die den Stamm, die einzelnen Äste und jedes Blatt nähren. Ähnlich wird es jetzt in diesem Buch weitergehen. Mit Hilfe der Geschichte von Lilly und ihrem Hund Leo werden wir uns zuerst anschauen, wie ein Baum so stark werden kann, dass er Stürme und trockene Zeiten übersteht. Danach geht es in die einzelnen Verästelungen bis zu der Wurzel hinunter. Hier wird alles noch intensiver beleuchtet und die Hintergründe detailliert erklärt. Zum Beispiel, was die unterschiedlichen Entwicklungsphasen eines Menschen mit der emotionalen Stabilität zu tun haben, wo die Zufriedenheit wohnt und warum wir uns Fehler weniger krummnehmen sollten. Außerdem werden wir den

Umgang mit anderen Menschen unter die Lupe nehmen, einen der größten Stressfaktoren für viele von uns. Wie du dem zukünftig besser begegnen kannst und dich selbst so stärkst, dass du aus einer gelassenen Haltung heraus reagierst, findest du in den nun folgenden Kapiteln.

In diesem Buch geht es an keiner Stelle um den perfekten Menschen (wie würde dieser überhaupt sein?), sondern um die Version von dir, die sich annehmen kann mit allen Stärken und Schwächen, die sich Fehler verzeiht und sich selbst unterstützt. Aus dieser inneren Haltung kann es mit mehr Verständnis für andere Menschen oder deinen Hund in den Alltag gehen, Konflikte erhalten so einen anderen Betrachtungswinkel. An manchen Stellen wirst du auf Widerstände in dir treffen, vielleicht überkommen dich auch Emotionen, mit denen du nicht gerechnet hast. Wie auch immer deine Reise hier aussehen mag, ich wünsche dir von Herzen Neugierde auf dich und deine Prozesse, um genau daran weiterzuwachsen und zwar so, wie es sich ganz allein und nur für dich gut anfühlt.

Nimm dir die Zeit, die es braucht, und lass' die anderen reden.

Ich freue mich, dass du die Reise antreten möchtest, nun legen wir los!

Herzlichst, deine Vanessa

Wichtig: Stresscoaching und „Schuster bleib' bei Deinen Leisten"

> Der Weg zu mehr Gelassenheit im Umgang mit Konflikten, kann nur aus einer veränderten Sicht darauf erfolgen. Die Methode zur Veränderung ist der Prozess der täglichen Arbeit an der inneren Haltung.

Im Zuge der Recherche zu meinem Buch begegnet mir immer wieder ein Thema, das bei mir ein Bedürfnis weckt, es hier deutlich anzusprechen: die sozialen Medien und ihre Coachingangebote im Bereich der psychologischen Beratung oder der Verhaltenstherapie. Bei diesem wachsenden Angebotszweig fällt es mehr als schwer, die Übersicht zu behalten und Qualität von faulem Zauber zu unterscheiden.

Ich kann aus vollem Herzen sagen, dass Menschen zu coachen eine wundervolle Begebenheit ist. Helfen zu können, macht einen glücklich. Ich verstehe jeden, der das mit viel Herzblut tut und tun möchte. Es bedarf dabei einer Menge an Wissen, Feingefühl und Liebe zum Menschsein. Zu diesem Tätigkeitsfeld gehören genauso das Erkennen der eigenen Grenzen und eine eigene gut ausgebaute Resilienz, um zwar mitzufühlen, aber nicht mitzuleiden. Ein Stresscoaching bedeutet, den Umgang mit Konflikten eines Menschen zu durchleuchten, hinein zu fühlen und praktische Lösungsansätze an die Hand zu geben. Eine therapeutische Wirkung kann sich durchaus einstellen, doch Heilversprechen haben in diesem Bereich nichts zu suchen. Psychologin, Psychiaterin und Psychotherapeutin sind rechtlich geschützte Berufe und gehen in der Diagnostik und Behandlung wesentlich tiefer als ein Coaching. Sie arbeiten zielgerichtet die Schritte einer Therapie bis zum Therapieerfolg aus. Deswegen bedarf es eines langjährigen Studiums und ausreichend Praxiserfahrung inklusive einer Prüfung der Kenntnisse und Fertigkeiten. Das Wissen um die Psyche des

Menschen ist somit sichergestellt. Um es in einem Sprichwort etwas deutlicher zu sagen: „Wer die Büchse der Pandora öffnet, muss in der Lage sein, sie wieder schließen zu können." Ein Stresscoaching sollte jedoch darauf achten, diese Büchse nicht proaktiv zu öffnen.

Ich sehe immer wieder, vorrangig in den sozialen Medien, wie selbsternannte Coaches ohne zertifizierte oder geprüfte Fachkompetenz in der Kindheit der Menschen stochern und mit pauschalen Aussagen Heilung versprechen. So manches Mal wird mit der Hilflosigkeit eines Menschen auf diesem Weg viel Geld gemacht. Die Hilfesuchenden ergreifen den gereichten Strohhalm verständlicherweise hoffnungsvoll und bleiben nicht selten auf einem großen Haufen Scherben sitzen, nur mit einem leichteren Portemonnaie.

Ein guter Coach weiß um seine Grenzen und die sind klar definiert: Sobald eine Hilfe zur Selbsthilfe nicht möglich ist, weil der Mensch zu tiefgehende Themen in sich trägt und er sich dadurch nicht mehr selbst unterstützen kann, muss es klar formuliert werden. Ich habe aus diesem Grund mehrere Adressen, die ich in solchen Fällen weitergebe. Leider ist es nicht leicht, eine gute Therapeutin zu finden, die zu einem passt, oft kommen auch noch lange Wartezeiten dazu. Ein Coaching und eine Therapie können sich hier sehr gut ergänzen.

Der Wunsch nach einer Verbesserung oder Heilung ist verständlich, denn bei vielen Menschen ist die Belastung im Alltag groß. Laut einer Befragung des Instituts Ipsos fühlten sich im Jahr 2022 fast die Hälfte der Deutschen mindestens einmal so gestresst, dass es sich auf das tägliche Leben ausgewirkt hat. Sie wurden oft begleitet von dem Gefühl, die Anforderungen des Alltags nicht mehr bewältigen zu können. Durch die große Nachfrage werden auch die Angebote mehr und für den hilfesuchenden Menschen wird es immer schwerer zu durchschauen, wo er wirklich passende Hilfe bekommt. Pauschale „Heilversprechen" sollten genau durchleuchtet werden. Bewahre dir einen kritischen und hinterfragenden Blick!

Dieses Buch soll dir Möglichkeiten aufzeigen, dein Stresserleben zu verändern und dich zusätzlich so zu stärken, dass du Manipulationsversuche erkennst und den Blick dafür schärfst, wer oder was dich am besten unterstützen kann. Die Angebote in den sozialen Medien können dir dabei sicher eine Inspirationsquelle sein. Vielleicht tut es dir auch gut, Menschen, die Ähnliches durchgemacht haben, zu erleben und ihren Prozess zu sehen. Doch falls du therapeutische Hilfe brauchst, lasse dich bitte nicht von Versprechen und bunten Bildern blenden. Die Realität kann für dich eine andere sein. Nimm dir die Zeit, wähle sorgfältig und höre achtsam auf deine Bedürfnisse. Deine psychische Gesundheit ist einfach zu kostbar für leere Versprechungen. Du verdienst Unterstützung, die wirklich zu dir passt.

Du brauchst psychotherapeutische Hilfe?

Hier ist die mögliche Vorgehensweise: Es braucht ein Erstgespräch in einer psychotherapeutischen Sprechstunde. Jede psychotherapeutische Praxis muss diese anbieten, unabhängig ob Kapazitäten frei sind. Eine weitere Möglichkeit ist es, bei der hausärztlichen Praxis deines Vertrauens vorstellig zu werden und eine Überweisung zu erhalten.

In dem Erstgespräch wird der weitere Bedarf ermittelt und die Möglichkeiten besprochen. Eine gute Anlaufstelle bietet auch deine Krankenkasse. Manche enthalten in ihrem Leistungsumfang mehrere Stunden psychotherapeutische Hilfe und eine Liste von TherapeutInnen, mit denen sie zusammenarbeiten.

Mit einer Überweisung oder Fragen zur Vorgehensweise ist der Kassenärztliche Notdienst ein guter Ansprechpartner. Unter 116117 erreichst du ihn, und findest so auch freie TherapeutInnen in deiner Nähe. Möglich ist es ebenfalls, einen Termin online zu buchen: eterminservice.de

Die Website https://psych-info.de/ bietet einen Überblick aller Hilfsangebote im Bereich der Psyche.

KAPITEL 1

STRESS: ENTSTEHUNG UND AUSWIRKUNG

EINBLICK IN LILLYS ALLTAG MIT HUND

Lilly muss dringend mit ihrem Hund raus. Eigentlich passt es ihr gerade gar nicht, sie hat noch so viel zu tun und tausend Dinge schwirren ihr durch den Kopf, die sie noch erledigen muss. Sie schaut nervös auf die Uhr, es ist kurz nach neun Uhr. Hoffentlich hat der Erzfeind von ihrem Hund Leo um diese Uhrzeit die Gassirunde schon beendet. Es sei denn, die Besitzerin hat wieder ihren Homeoffice-Tag, dann geht sie später raus und die Gefahr ist groß, die beiden zu treffen. Ihr Hund Leo, ein Golden Retriever, ist gerade ein Jahr alt und ein Rüpel an der Leine geworden. In der Hundeschule ist er ganz anders, viel eher das Vorbild als ein Leinen-Rambo. Die Trainerin nimmt sie beide gerne dran, um Übungen vorzumachen und lobt oft, wie gut sie zusammenpassen. Lilly verlässt den Hundeplatz fast immer mit Freude und einem stolzen Gefühl. „Auf dem Trainingsplatz …", denkt Lilly grummelnd, denn zu Hause läuft gerade gar nichts. Der Rückruf funktioniert nicht mehr und dieses Nach-vorne-Springen an der Leine, wenn ihr Hund andere Vierbeiner sieht, ist einfach nur peinlich. Früher fanden alle Leo toll, jetzt gehen die Menschen mit ihren Hunden einen Bogen. Letztens rief ihr einer zu: „Eine Hundeschule wäre mal eine gute Idee!". Eine passende Antwort fiel ihr nicht ein, stattdessen schossen ihr die Tränen in die Augen und sie ging mit hängenden Schultern nach Hause. Diesen Menschen möchte sie auf gar keinen Fall wieder treffen, deswegen geht sie seitdem eine andere Gassirunde. Doch auch da kommen ihr Hunde entgegen, bei denen Leo nicht entspannt ist. Und Menschen, bei denen Lilly nicht entspannt ist. Sie ist sich nämlich sicher, dass andere darüber urteilen, wie sie ihren Hund führt. Warum fällt es ihr nur so schwer, entspannt mit dem allen umzugehen? In den sozialen Medien sieht sie, wie einfach es ist, wie toll die Hunde und wie glücklich die Menschen sind. Auch wenn sie es nicht gerne zugibt, es macht sie manchmal neidisch, dass es andere so leicht haben.

Seufzend nimmt sie die Leine und geht vor die Tür. Sie spürt ihr Herz klopfen und ihr Bauch schmerzt leicht. Ihre Schulter tut noch vom letzten Spaziergang weh, als sich Leo mit voller Wucht in die Leine geschmissen hat. Sie greift in die Jackentasche und prüft, ob sie die super Leckerlis eingepackt hat, vielleicht lässt Leo sich diesmal damit ablenken. Nach ein paar Metern merkt sie, wie sie die Leine auf Spannung hält und ihre Hand verkrampft ist.

Leo merkt auch einiges. Er hat mehrfach seinen Menschen angeschaut. Den kooperativen Blick wendet er gerne an: Lilly freut sich dann immer und gelegentlich gibt es ein Leckerli dafür. Doch diesmal hat sein Mensch anscheinend keine Augen für ihn und er spürt die Anspannung über die Leine. So geht er halt schnüffeln, denn seine

Welt hat sich seit einiger Zeit verändert. Sie ist viel größer und interessanter geworden. Er hörte Lilly letztens das Wort „Pubertät“ sagen, was immer das heißt. Plötzlich kommt ihn ein verführerischer Duft in die Nase. Die Nachbarshündin ist gerade läufig, das muss er genauer untersuchen. Er bleibt abrupt stehen und wendet sich der Geruchsquelle auf dem Nachbarsgrundstück zu. Er hört Lilly schimpfen, aber er weiß mittlerweile, dass er mit seinem Gewicht auf jeden Fall zu dieser gut riechenden Stelle kommen wird. Notfalls legt er sich platt auf den Boden, das zeigte bisher immer eine Wirkung. Er spürt immer mehr Aufregung, wenn er andere Hund sieht. Früher durfte er immer „Hallo“ sagen und es entstand oft ein wildes Rennspiel. An diesen Glücksrausch kann er sich noch gut erinnern, nun ist die Leine dran und er darf nicht mehr hin. Was für ein Frust!

Ausgerechnet jetzt kommt der Nachbar mit einer Mülltüte in der Hand aus der Haustür und Lilly sieht genau, wie er sie missbilligend anschaut, weil Leo sie gerade auf seinen schön gepflegten Rasen zieht. Der Mann schmeißt den Müll in die Tonne, geht wieder rein und knallt die Haustür zu. Leo hat sich mittlerweile hingelegt und bewegt sich kein Stück mehr weiter. Lilly schämt sich. Der Spaziergang fängt ja gut an.

Kommt dir das bekannt vor? Kennst du ähnliche Situationen, wie Lilly sie erlebt hat, bei denen du dich wütend, traurig oder hilflos gefühlt hast? Die meisten Menschen mussten sich schon mit diesen Gefühlen im Umgang mit ihren Hunden und der Umwelt auseinandersetzen. Manchmal hielt diese innere Stimmung länger an, ein anderes Mal war sie nur von kurzer Dauer und schnell wieder vergessen. In einigen Fällen beeinflussen diese Gefühle den Menschen nachhaltig in seinem Alltag.

Werfen wir gemeinsam einen näheren Blick auf die Geschichte von Lilly und Leo. Dabei schauen wir mit einem emotionalen Abstand und der Sicht eines Coaches genauer hin.

Lilly zeigt von Anfang an eine große Anspannung. Die Anspannung startet in ihren Gedanken. Sie überlegt, wann und wer jetzt Gassi geht, sie ruft sich Bilder alter Begegnungen ins Gedächtnis, die in ihr ein schlechtes Gefühl ausgelöst haben, sie interpretiert Blicke und Sätze als negativ und angreifend. Außerdem hat sie die Sicht, dass sich ihr Hund zum Negativen verändert hat und ihn andere jetzt ablehnen, bzw. meiden. Ihr ist es wichtig, was Menschen über sie sagen, die Trainerin löst Stolz in ihr aus, der Nachbar Scham und eine unbekannte Gassigängerin macht sie mit einem Satz nachhaltig traurig. Aufgrund ihrer Bedenken weicht sie von ihren ursprünglichen Planungen ab, sie verschiebt Gassizeiten und -runden. All ihre gedanklichen Prozesse tragen sich auf körperlicher Ebene fort: erhöhter Pulsschlag, verspannte Muskeln, Bauchschmerzen und eine Unruhe. In diesem Zustand hat sie keinen offenen Blick für die positiven Signale, die Leo sendet, um ihn passend anzuleiten.

Auch Leo macht in dieser Geschichte Lernerfahrungen. In einer Phase, die besonders wichtig für den Reifungsprozess im Gehirn ist: der Pubertät. Seine Erfahrungen sind derzeit eine angespannte und nervöse Besitzerin, wenige Möglichkeiten der Orientierung an ihr und er lernt, dass er durch körperlichen Einsatz – Ziehen und Hinlegen – seine Motivation und Wünsche erhält. Andere Hunde lassen ihn aufgeregt werden, diese Erregung zeigt sich bei den Hundebegegnungen, die sich in dieser Form immer mehr ritualisieren und konditionieren. Leo hat augenscheinlich eine Leinenaggression, die aus seiner Sicht viel eher eine Leinen„frustration" ist. Denn das Hilfsmittel Leine hält Leo nur physisch davon ab, zu den anderen Hunden zu gelangen. Die Einsicht oder Idee, sich bei Lilly in reizvollen Situationen einzufinden und sich von ihr hindurch führen zu lassen, hat er im Moment nicht.

Wir stellen also fest: Leo macht gerade unpassende Lernerfahrungen und Lilly ist gestresst. In dem Zustand des Stresses läuft der

Körper in einem gewissen Notlauf und die Wahrnehmung auf die Umwelt und den Hund verzerrt sich. Der Raum wird größer für Negativerlebnisse und -gedanken, während der Platz für positive Signale oder gute Erlebnisse kleiner wird.

Sorgen und Ängste starten immer in den Gedanken. Sie hemmen damit einen Zugriff auf Bereiche im Gehirn, in denen höhere kognitive Prozesse ablaufen, die dafür sorgen, Begebenheiten von allen Seiten zu sehen und von der emotionalen Betrachtungsweise etwas zurückzutreten. Kurz gesagt: Die Vernunft setzt aus, wenn wir im Stressprogramm unterwegs sind.

Je häufiger Ängste und Sorgen im Kopf abgespielt werden, desto mehr baut sich die Empfängnisbereitschaft dafür aus. Kleine Signale, wie Blicke von fremden Menschen, werden sofort in dieses Negativ-Schema einsortiert und die eigene Denkweise bestätigt. „Wusste ich es doch, dass sie ein Problem mit mir hat!“ kann so ein typischer Gedanke sein, ohne es genau zu wissen. Die Möglichkeit, dass der Blick eines Menschen vielleicht einen anderen Ursprung hat, der nichts Persönliches beinhaltete, wird kaum in Betracht gezogen. Zum Beispiel hat der Nachbar mit der Mülltüte Lilly gar nicht wahrgenommen, er hatte gerade einen Streit mit seiner Partnerin, wer den Müll rausbringen soll. So ging er mit entsprechender Laune vor die Tür und zog selbige danach laut wieder zu. Es hatte also nichts mit Lilly zu tun. Doch diese mögliche Betrachtung der Situation fand in dem Moment keinen Platz in ihren Gedanken.

In den nächsten Kapiteln gehen wir schrittweise durch, wie ein Mensch gelassener mit diesen Themen umgehen kann. Dabei kommen wir immer mal wieder auf Lilly und Leo zurück und du kannst schauen, welche Möglichkeiten ergriffen wurden, um eine Veränderung herbeizuführen. Das bedeutet übrigens nicht, dass Lilly zeitgleich einen sofort gelassenen Hund erhält, nur weil sie es schafft, sich anders auszurichten. Denn Leo hat bereits eine längere Lernerfahrung hinter sich, die sich im Gehirn gefestigt hat. Es braucht Wiederholungen und Kontinuität, um auch sein Verhalten zu verändern.

In diesem Buch geht es sehr oft um ein Verstehen von Prozessen und um ein Verständnis für Reaktionen. Mir begegnet in diesem Zusammenhang gelegentlich der Satz: „Früher war alles besser, da durfte der Hund noch Hund sein. In unserer Kindheit gab es kein Asperger Autismus oder ADHS, wir mussten einfach da durch und das lief auch!". Ich möchte an dieser Stelle klar sagen, dass fehlendes Wissen oder Verständnis nicht automatisch zu mehr Gelassenheit bei Hunden oder Kindern führt. Viele ältere Menschen besuchen mein Stresscoaching mit dem ursächlichen Problem, dass ihre Bedürfnisse ein Leben lang übergangen wurden. Sie mussten lernen, ihre wahren Gefühle zu maskieren, um in der Gesellschaft oder der Familie angenommen oder akzeptiert zu werden. Hinter diesen Masken tobt oft ein Sturm, der sich in sozialen Ängsten, Phobien oder starken Erschöpfungszuständen äußert und gelegentlich die Kompensation in Suchtmitteln erfährt. Von daher kann ich deutlich sagen: Es war früher nicht zwangsläufig besser, nur weil das Individuum nicht verstanden wurde!

Die andere Richtung finden wir in unserer Gesellschaft ebenfalls und sie ist aus Stress- und Resilienzsicht genauso kontraproduktiv, wie das fehlende Verständnis. Wird aus der wichtigen Fürsorge ein „Übersorgen" oder das Mitfühlen schlägt in ein Mitleiden um, entsteht auch hier kein gesunder Umgang mit Stress für das anzuleitende Lebewesen. Wichtige Sozialkompetenzen werden passender ausgebaut, wenn Konflikte selbst erlebt und deren Lösungen eigenständig erbracht wurden. **Selbstwirksamkeit und Selbstregulation sind hier zwei wichtige Schlagwörter, die ein soziales Lebewesen souveräner und gelassener im Umgang mit Stress machen.** Nur wer Dysbalancen erlebt und eine passende Regulation gefunden hat, kann diese Strategien später in anderen Siuationen anwenden.

Also müssen unsere Hunde, Kinder und wir doch da durch? Ja und Nein. Es gibt im sozialen Miteinander und in der Erziehung nur selten schwarz oder weiß, die Grautöne mit all ihren Schattierungen verdienen eine größere Aufmerksamkeit, als die einfache Zuordnung in Schubladen. Ein gelassener Umgang mit sich, anderen Menschen und Hunden entsteht durch Wissen, Verstehen und Verständnis. Wir dürfen uns und unseren Anvertrauten im Rahmen der Möglichkeiten ruhig mehr zutrauen, damit eine persönliche Weiterentwicklung den Raum erhält.

WIE ENTSTEHT STRESS?

In diesem Kapitel geht es darum, einen geschärften Blick auf dich und deine Prozesse zu erhalten und was diese mit deinem Hund machen. Vielleicht hast du schon einmal den Satz gehört: „Ändert sich der Mensch in seinem Verhalten, ändert sich auch der Hund“. Ich würde es aus heutiger Sicht sogar noch feiner beschreiben: **Ändert sich die Sicht auf den Hund und sein Verhalten, ist eine Veränderungen im Hund überhaupt erst möglich.** Diese Beschreibung soll die Wichtigkeit deiner Gedankengänge aufzeigen, während du mit deinem Hund täglich kommunizierst. Denn deine Gedanken formen Handlungen, und unsere Hunde haben sehr feine Antennen für unser Verhalten. Gerade in stressigen, konfliktreichen oder ungeplanten Situationen wird dein Verhalten auf die Probe gestellt. Dein Hund beobachtet dabei nicht nur deine Reaktion, er wird ebenfalls eine Lernerfahrung daraus ziehen. Nach dem Motto: „Mein Mensch zeigt mir, dass diese Situation gefährlich oder unsicher ist! Zukünftig werde ich darauf achten!“ Auch wenn ich diese Worte dem Hund jetzt einfach angedichtet habe, sind sie im Lernprozess tatsächlich vorhanden. Das Nachahmungslernen basiert auf dieser Begebenheit und ist ein festverankerter Vorgang des Lernens eines sozialen Lebewesens.

Zusammenfassend ist es eine gute Erkenntnis, dass jegliche Interaktion und Kommunikation mit der **eigenen Wahrnehmung und Bewertung** startet. Wie du und dein Hund die Welt wahrnehmt, ist dabei absolut individuell. Ihr könnt beide dasselbe sehen und völlig unterschiedlich dabei empfinden und reagieren. Der eine sieht ein Problem, der andere eine Möglichkeit.

Der Psychologe R. Lazarus forschte ausgiebig in dem Bereich Stress und Bewertung und zeigte auf, wie die Zusammenhänge zwischen

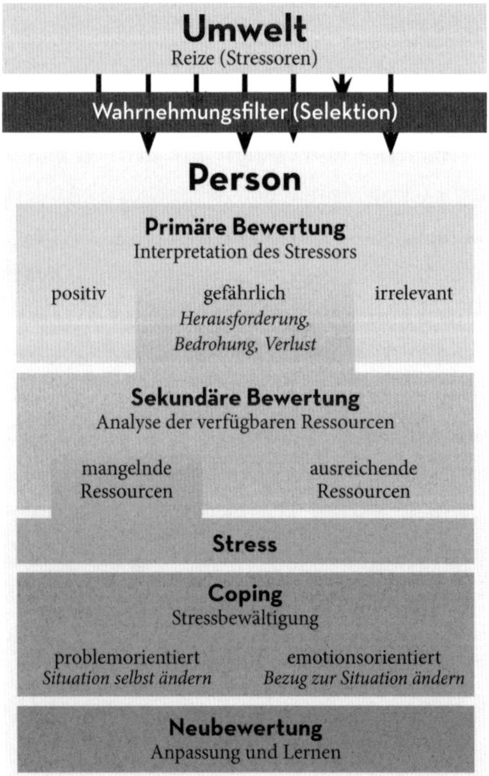

Die Zusammenhänge zwischen Ereignis und Reaktion. Quelle: Richard S. Lazarus, Susan Folkman (1984): Stress, Appraisal, and Coping, S. 54.

einem Ereignis und die Reaktion darauf sind. Interessant dabei ist, dass die Bewertung eines Reizes die größere Rolle einnimmt, als die Situation an sich. Nimm Lillys Geschichte aus der Einleitung als Beispiel und schaue dabei einmal in die Abbildung: Die primäre Bewertung aller Situationen war weder positiv noch irrelevant. Als „Gefahr" würde ich sie jetzt ebenfalls nicht bezeichnen, aber durchaus als Herausforderung oder auch als Bedrohung ihrer Werte und Vorstellungen (dazu mehr im Kapitel Selbstwert!).

Automatisch führt dieser Gedankengang zu der sekundären Bewertung. Hat Lilly passende Ressourcen zur Verfügung, um damit umzugehen? Hat sie zum Beispiel durch **regelmäßiges Üben in konfliktreicheren Situationen** das Gefühl bekommen, mit den Situationen umgehen zu können? Ein typisches Training wäre hier ein Sozialspaziergang im Alltag bei einer Hundeschule.

Wie steht es um ihre inneren **Ressourcen**, die ihr mehr Gelassenheit verschaffen? Dazu gehören ihre **Persönlichkeit** und **Lebenserfahrung**. Wie ist sie beispielsweise im Bereich Selbstsicherheit aufgestellt? Was richten kritische Blicke oder Worte in ihr an? Kann sie sich gut emotional abgrenzen und wieder herunterfahren nach solch aufregenden Erlebnissen?

Situative Befindlichkeiten beeinflussen Lilly ebenfalls: Wie geht es ihr heute? Hat sie bereits viel Stress auf der Arbeit erlebt? Hat sie schlecht geschlafen oder Schmerzen? Kämpft sie derzeit mit psychischen oder körperlichen Krankheiten? Das sind wichtige Komponenten, die eine Bewertung einer reizvollen Situation stark verändern können. Nicht jeder Mensch hat täglich Nerven wie Drahtseile, manchmal sind es nur noch dünne Fäden mit der Befürchtung, sie könnten jederzeit reißen.

In Lillys Fall waren die Ressourcen mangelhaft und nicht ausreichend. Derzeit hängt sie durch Gedankenspiralen in ihren Empfindungen fest. Sie spielt die Situationen immer und immer wieder durch, so erhalten sie eine viel zu große Wichtigkeit in ihrem Kopf. Zeitgleich wird sie feinfühliger für weitere Reize, die genau zu ihren Gedankengängen passen. Ob diese der Realität entsprechen, kann sie derzeit nicht wissen. Ihr Wahrnehmungsfilter funktioniert nur noch einseitig, er fokussiert sich zu stark auf negative Vorgänge. Der Organismus, dem immer daran gelegen ist, alle Zustände wieder auszugleichen oder zu regulieren, sucht sich jetzt Bewältigungsstrategien (Coping), um wieder ins Lot zu kommen. Es kann sein, dass Lilly nach solch einem anstrengenden Tag auf schnell verfügbare „Stressabbaumethoden" zurückgreift: fettiges und zuckerhaltiges Essen, Alkohol, Zigaretten und einen erhöhten Medienkonsum. Das kennen wir sicher alle! Gelegentlich tun sie auch gut, doch es sind nur oberflächliche Stressabbauer. Je häufiger und einseitiger sie stattfinden, desto kontraproduktiver bis hin zu gefährlicher werden sie. Der Stressabbau über Konsum kann zur Gewohnheit werden, aus der es immer schwerer wird hinauszufinden. So muss Lilly jetzt an der Ursache arbeiten, um eine Veränderung herbeizuführen und aus dieser Stressspirale auszubrechen. Allein auf Entspannung am Abend zu setzen, reicht ab einem gewissen Punkt nicht mehr aus.

WAS VERURSACHT STRESS?

Stress ist grundsätzlich eine Anpassungsleistung des Organismus auf Reize. Wie das vorherige Kapitel gezeigt hat, hängt deine empfundene Belastung von deiner individuellen Bewertung und der Einschätzung deiner Ressourcen ab. Es ist also weniger dein Gegenüber oder die Situation, die den Stress in dir auslöst, es ist deine eigene Bewertung, die die Stresskaskade in Gang setzt.

Dabei muss Stress nicht immer negativ sein. Mit der Ausschüttung verschiedener Hormone und Neurotransmitter als Antwort auf einen

Reiz wirst du sogar richtig leistungsbereit. Du kannst besser und schneller reagieren und prägst dir bei einem moderaten Stresslevel mehr ein. Entzündungen und Schmerzen werden unterdrückt, um der Aktivität mehr Raum zu geben. Wärst du eine Leistungssportlerin oder brauchst du situativ einmal mehr Kraft, erhältst du von der Natur aus alles, was du brauchst. Allerdings hat sich diese Stressreaktion aufgrund der damals vorherrschenden Umweltbedingungen in uns fest verankert. Zu dem Zeitpunkt warteten noch viele lebensbedrohliche Gefahren auf den Menschen. Der Säbelzahntiger tauchte aus dem Nichts auf: Flucht oder Kampf! Eine Entscheidung, die innerhalb von Millisekunden ablaufen muss, um zu überleben, und genauso schnell muss der Körper mitziehen: Adrenalin und Noradrenalin sorgen für den Antrieb. Die zur Verfügung gestellten Mittel des Organismus (Hormone, Glukosen und Fettreserven) im Körper bauten sich anschließend durch die Tätigkeit der Flucht oder des Kampfes wieder ab. Diese uralten Mechanismen passen leider nicht mehr in unsere neue Welt. Wir flüchten in der Regel nicht mehr aktiv und kämpfen körperlich auch nur noch selten, doch unser Gehirn trifft immer noch die gleichen Entscheidungen. Es ist darauf programmiert, uns vor vermeintlichen Gefahren zu schützen. **Stress ist ein (neuro-)biologisches und automatisch ablaufendes Programm. Wir können allerdings Einfluss nehmen, sobald wir uns der Mechanismen bewusst werden!**

Exkurs: Bewältigungsstrategien (Coping-Strategien)

Jeder Organismus, der Stress erlebt, möchte ihn wieder regulieren, um gesund zu bleiben. Dieser tief verankerte (Überlebens-)Mechanismus führt dazu, dass das Lebewesen nach einer Bewältigung sucht. Je mehr die Erfahrungen gesammelt werden, mit bestimmten Verhaltensweisen den Stress abzubauen oder ihn sogar zu vermeiden, desto eher bilden sich Muster aus, die sich Coping-Strategien nennen. Sie brennen sich tief ins Gehirn und kommen immer wieder zum Einsatz, denn unser Denkorgan macht es sich stets so einfach wie möglich, um Energie zu sparen. Neue Strategien müssen sich meist hart erarbeitet und über eine längere Gewöhnung etabliert werden, es erfordert dabei ein Verlassen der sicheren Komfortzone.

Zwei Arten der gesunden Bewältigung sind häufig anzufinden:

- das **problemfokussierte Coping**. Das heißt, das Lebewesen verändert sein Handeln und wird in der Lösungsfindung aktiv, um die stressauslösende Situation zu regulieren. In Lillys Fall könnte sie sich jetzt an einen Coach wenden, um neue Handlungswege zu finden. Oder sie übt bestimmte Situation noch einmal mehr (z. B. Leinenführigkeit und -orientierung in konfliktreicheren Situationen, den Einsatz der passenden Körpersprache).
- das **emotionsfokussierte Coping**. Hier wird versucht, die Emotionen bei sich selbst zu regulieren, die durch Stress entstehen (z. B. die innere Haltung zu dem Problem verändern). In Lillys Fall wären es das Erkennen ihrer Stressmuster und eine Neubewertung der Situationen. Dazu zählen für sie Gespräche mit guten Freundinnen (soziale Unterstützung), Akzeptieren des derzeitigen Zustands (die Pubertät des Hundes) und ebenfalls hilft ihr eine gute Prise Humor, um den vielen Ereignissen die Schwere zu nehmen.

Das **dysfunktionale und nicht gesunde Coping** wäre in diesem Bereich das Einnehmen von Suchtmitteln wie Alkohol und Drogen. **Suchterkrankungen** haben übrigens fast immer ihre Ursache in unbewältigten Stresszuständen und/oder fehlenden Ressourcen von Kindesbeinen an.

Je mehr Möglichkeiten ein Lebewesen zur Bewältigung hat, desto stressresistenter geht es durch das Leben. Verfügt es über genügend Ressourcen, hat es für sich gefühlt eine Unterstützung? Dann kann es sein, dass es sich viel lieber aktiv mit Stress auseinandersetzt und bereit ist, Lösungen zu finden. Es handelt dann eher proaktiv, also statt stets nur die Brände zu löschen, wird es dafür sorgen, dass sie erst gar nicht entstehen. **So wachsen weite-**

re Coping-Strategien heran und das Gefühl, immer besser mit Stress umgehen zu können.

Leider funktioniert es auch in die andere Richtung. Die gewählten Strategien führen nicht zum Erfolg oder sind dysfunktional, das Selbstwirksamkeitsgefühl sinkt und es entstehen keine weiteren Ideen zum Umgang mit Stress. Angstgefühle halten Einzug, die eine weitere Auseinandersetzung mit dem Konflikt verhindern. Oder es entsteht eine höhere Aggressionsbereitschaft als Coping-Strategie, nach dem Motto: Angriff ist die beste Verteidigung. So werden Angst oder Wut als neue Strategien empfunden und nach einiger Zeit als Muster übernommen. Es wird für ein Lebewesen „normal" werden, so auf Stress zu reagieren.

Zum Teil werden die Strategien sogar aus frühester Kindheit übernommen, da zu diesem Zeitpunkt die Möglichkeiten zur Selbstregulation wenig ausgebildet sind. So hält sich das Kind an Eltern oder anderen Erziehungsberechtigten, die uns ihre Muster vorleben. In dem Alter wird selten hinterfragt, das Kind übernimmt das Verhalten als Antwort auf Stress. Dysfunktionaler Stressabbau kann sich im ersten Moment gut anfühlen, da unser Gehirn ein „faules Organ" ist und lieber mit gewohnten Mustern reagiert, als jedes Mal neu zu bewerten. Doch wer immer wieder mit Wut auf Konflikte reagiert oder sie jedes Mal in Alkohol ertränkt, wird langfristig größere Probleme im sozialen oder gesundheitlichen Bereich bekommen.

Bei unseren Vierbeinern sind es meistens die Langzeitinsassen in Tierheimen, die mit einem dysfunktionalen Stresssystem ausgestattet sind (wenn der Weg nicht vorzeitig auf dem Tierärztinnentisch endet). Sie gelten mit ihren unpassenden Strategien als stark verhaltensauffällig und zeigen sich schwierig bis hin zu gefährlich.

Das Gute ist: Muster können durchbrochen werden und jedes Lebewesen kann neue Verhaltensstrategien lernen. Es braucht zuerst ein Verstehen der Mechanismen, bevor es in die Veränderung geht. Bei dem Menschen selbst hilft dazu noch eine große Menge an Selbstreflexion. So können Neubewertungen starten, Handlungen geübt werden und die Stressantworten neu justiert werden.

WIE WIRD STRESS VERARBEITET?

Läufst du irgendwann vor Energie über, die dir dein Gehirn und der Körper regelmäßig zur Verfügung stellen? Wie findet sie einen Abbau, ohne die ausführenden Mechanismen „Kampf oder Flucht"? Zum Glück bist du diesem Urzeitprogramm nicht ausgeliefert, denn du hast noch dein Frontalhirn (Frontallappen), das einer großen Bibliothek gleicht. So kannst du diese schnell angeschobenen Prozesse „Flucht oder Kampf" mit der Bibliothek auf die vermeintliche Gefahr abgleichen. Steht das Buch „Umgang mit einem Säbelzahntiger" im Regal, weil du durch deine Lebenserfahrung das passende Verhalten gelernt hast und alle nötigen Werkzeuge besitzt, sorgt das Frontalhirn dafür, dass du dich wieder beruhigst. Schließlich weißt du genau, was zu tun ist! Dieses Bewusstsein über deine **Selbstwirksamkeit** schenkt dir eine große Portion Gelassenheit. Direkt im Anschluss drückt der Parasympathikus im Nervensystem auf die Bremse und dein Herzschlag und die Atemfrequenz beruhigen sich. Jetzt musst du danach nur auf eine kleine Pause zum Entspannen achten, um den Stress im Körper abzubauen. Es braucht ein paar Minuten, die du dir nach der „Begegnung mit dem Säbelzahntiger" auf jeden Fall gönnen solltest, bevor du in das nächste Abenteuer startest. Der Säbelzahntiger steht stellvertretend für alle stressauslösenden Reize, die du erlebst, und sie können in Form deines Hundes, anderer Hunde, Arbeitskolleginnen und unangenehmer Situationen auftreten. Sie alle können dir im Säbelzahntigerkostüm erscheinen und die beschriebenen Prozesse auslösen, je mehr du deine Bibliothek gefüllt hast, desto gelassener kannst du reagieren, desto weniger Energie stellt dein Organismus dir zur Verfügung.

Unter bestimmten Umständen haben also leichte und mittlere Stresszustände kaum negative Auswirkungen. Hast du genügend Ressourcen (Handlungsideen, ein gutes Selbstwirksamkeitsgefühl,

Vertrauen in deine Fähigkeiten etc.), hält der Stress nicht lange an, der Körper regeneriert sich von allein.

Es helfen dir zusätzlich:

- ausreichender Schlaf;
- ausgewogenes Essen, um die verbrauchten Mineralien und Vitamine wieder aufzufüllen;
- ein paar schöne Gedanken oder Gespräche mit anderen Menschen;
- jegliche Form von Bewegung, um den Organismus und dein Gehirn zu entlasten.

Doch je länger der Stress anhält, je auswegloser du ihn einschätzt und je weniger Ressourcen du besitzt, desto gefährlicher wird er und desto mehr brauchst du weitere Mechanismen zur Bewältigung.

Unsere Protagonistin Lilly ist zwar noch weit davon entfernt, dass es für sie gefährlich wird, doch braucht sie dringend eine Veränderung, damit es sich nicht verschlimmert. Sie braucht ein individuelles Stressmanagement. Das ist ein Plan, in dem die persönlichen Strategien besprochen und ausprobiert werden.

Wenn es für dich passt, kannst du gerne an dieser Stelle eine „Rosinenpause“ machen. Picke dir die Rosinen aus dem Kuchen und schreibe deine eigenen Erkenntnisse in Stichpunkten auf. Über was denkst du gerade nach? Was hat dich angesprochen und vielleicht Bilder in deinem Kopf entstehen lassen? Worüber möchtest du mehr erfahren oder sogar etwas ausprobieren?

ZUSAMMENFASSUNG DER EBENEN DES STRESSERLEBENS

Wie du sicherlich bereits herausgelesen hast, geht es bei einem Veränderungswunsch im Stresserleben in erster Linie darum, sich besser zu verstehen. Dazu gehören auch die drei Ebenen des Stresses, die der Stressforscher Kaluza (2018) herausgearbeitet hat. Es gibt einen Auslöser (Reiz), dann folgen deine Bewertungen und so kommt es zu deiner Reaktion. Wirst du dir über die einzelnen Ebenen bewusst, kannst du deine Bewältigungsstrategien besser darauf abstimmen. Als Beispiel nehmen wir wieder Lilly, die sich bereits aktiv damit auseinandergesetzt hat. Es ist ihr persönlicher Prozess, den sie jetzt anwendet. Deiner kann ganz anders aussehen. Auf den folgenden Seiten werden wir noch tiefer in die einzelnen Ebenen einsteigen, so dass du auch auf deine Themen individuell eingehen kannst.

Ebene 1 – der Auslöser –

Hier stehen die **Stressoren**, das sind die Ereignisse oder Umstände, die du mit deinen Sinnen wahrnimmst, bewertest und die Emotionen in dir auslösen.

Ebene 2 – deine Einstellung und Bewertung –

Das sind deine **persönlichen Stressverstärker**, dazu gehören Gedankenmuster, Einschätzungen und Bewertungen, mit denen die Stressoren unter Umständen stärker auf deinen Organismus wirken.

Ebene 3 – deine Reaktion –

Deine **Stressreaktionen**, also die spürbaren Antworten des Körpers und Geistes auf den Stress. Dazu gehören Gefühle, Emotionen und weitere körperliche Antworten (Verspannung o. Ä.).

Schauen wir einmal genauer auf Lillys Ebenen und die daraus folgenden Veränderungen:

Ebene 1

Zukünftig wird Lilly den **Stressoren** (Situationen) besser begegnen, indem sie sich aktiv mit ihnen auseinandersetzt. Sie spricht die Menschen, die sie als negativ bewertend wahrnimmt, direkt an und prüft so die eigenen Gedanken auf Echtheit („Denkst du über mich oder meinen Hund negativ?“). Sie kontaktiert ihre Hundeschule, um

Einzelstunden in ihrem Umfeld zu erhalten, die die Leinenführigkeit und Ansprache des Hundes verbessern, sie besucht Fortbildungen und liest Bücher, um ihre Prozesse und die ihres Hundes besser zu verstehen. Sie wird zukünftig bei den Sozialspaziergängen mitmachen, wenn sie sich sicherer durch die Einzelstunden fühlt. Außerdem hat sie sich eine Beschäftigung für Leo gesucht, die sein Können fördert. Diese Punkte dienen dazu, handlungsfähiger zu werden, also die Bibliothek im Gehirn mit neuen Büchern zu füllen.

Ebene 2

Lilly setzt sich mit ihren **persönlichen Stressverstärkern** auseinander, um ihr Stresserleben zu verändern. Sie entlarvt ihre Negativ-Gedanken und entwickelt eine förderliche Einstellung zu den Ereignissen. Beispielsweise schafft sie durch Annahme und Akzeptanz, die Pubertät von Leo als eine stürmische See zu sehen, die man erst einmal gemeinsam durchschiffen muss. Ein toller Prozess des Zusammenwachsens entsteht während der Überquerung. Sie lernt auch eine innere Distanz aufzubauen, wenn fremde Menschen ungefragt über sie urteilen, sie schärft ihren Blick für das Positive und fängt mit Leo eine Beschäftigung an, in der er zeigt, was für Stärken er besitzt, und es sie mit Stolz und Freude erfüllt. Außerdem wird sie feiner für ihre eigenen Grenzen, gönnt sich mehr Pausen und weniger Perfektionismus. Sie steigert ihr Selbstwertgefühl, indem sie ihre Werte kennen- und schätzen lernt. Zudem denkt sie jetzt anders über Fehler und „Schwächen“, denn sie gehören zu jedem Menschen dazu und man kann wunderbar mit ihnen Hand in Hand arbeiten. Diese Themen werden dir detailliert in Kapitel 3 begegnen.

Ebene 3

Zum Schluss findet Lilly heraus, wie sie sich nach stressigen Ereignissen erholen und regenerieren kann, um **Stressreaktionen** zu verarbeiten. Was tut ihr gut? Was sind ihre Bedürfnisse? Es ist für sie ein Programm aus Sport und Yoga, außerdem sind Treffen mit Freundinnen wohltuende kleine Auszeiten. Sie nimmt an einem Zufriedenheitscoaching teil und geht jetzt wesentlich achtsamer für die kleinen Momente des Glücks durch die Welt. Das hilft ihr, sich insgesamt zufriedener zu fühlen.

Lilly hat ihre Kompetenzen im Umgang mit Stress ausgebaut. Sie hat ihren eigenen Weg gefunden, der sich zwar in der Zusammenfassung leicht liest, aber in der Umsetzung natürlich auch Rückschläge enthielt. Jeder von uns muss seinen eigenen Umgang mit Stress finden, doch für alle gilt: **Je flexibler wir mit unseren Stresskompetenzen aufgestellt sind, je breiter unser Repertoire an Strategien ist, desto besser können wir zukünftig mit Stress umgehen.**

Dieser kleine Einblick in Lillys Stresserleben und den Umgang damit gibt dir einen kleinen Überblick der Möglichkeiten. Ab jetzt nehmen wir die Feinheiten unter die Lupe.

Rosinenpause

Wenn es für dich an dieser Stelle passt, nimm dir gerne einen Zettel mit Stift und schreibe deine Ideen auf:

Welche **Stressoren** gibt es derzeit in deinem Leben?

Hast du bereits jetzt schon **stressverschärfende Muster** bei dir entdeckt (in den nächsten Kapiteln wird das Thema noch ausführlich behandelt)?

Fallen dir spontan Möglichkeiten zur **Regeneration** für dich ein?

Welche Erkenntnisse konntest du aus dem bisherigen Text gewinnen?

UNTER DER LUPE: BEEINFLUSSENDE FAKTOREN DES STRESSERLEBENS

HINWEIS
Es gibt individuelle Aspekte, die laut Stressforschung das Stressempfinden eines Menschen beeinflussen. Sie können förderlich sein oder auch ein Risiko darstellen. Ich habe sie für dich zusammengefasst. Du kannst gerne jeden einzelnen Punkt prüfen, ob du ihn als Plus- oder Minuspunkt bei dir empfindest. Besonders wichtig ist es mir, dir vorweg zu sagen: Auch wenn du viele Minuspunkte findest, die Forschungsergebnisse der letzten Jahre zeigen deutlich auf, dass ein Umgang mit Stress veränderbar ist. Bei vielen negativen Ereignissen mag der Weg länger sein und erfordert möglicherweise professionelle Unterstützung, doch er ist jederzeit möglich. Ein tieferes Verständnis für dich und deine Vorgänge ermöglicht es dir, besser zu erkennen, was du brauchst. In den weiteren Kapiteln findest du dich durch dieses Wissen besser zurecht und kannst deinen Fokus passend setzen.

Dein Alter + -

Junge Menschen sind oft leistungsfähiger, doch ältere gehen manchmal gelassener durch das Leben. Wie erlebst du diese Dynamik in Bezug auf dein Alter?

Deine Persönlichkeit und Temperament + -

Ein impulsives Temperament lässt schneller Emotionen zu, als ein abwartendes. Eine extrovertierte Persönlichkeit neigt eher dazu, sich schneller mit ihren Problemen zu öffnen als eine introvertierte. Auch der Umgang mit Emotionen ist ein Teil der Persönlichkeit (Neurotizismus). Inwiefern unterstützen dich dein Temperament und deine Persönlichkeit im Umgang mit Stress, oder empfindest du, dass diese Eigenschaften eher zum Stress beitragen?

Deine Genetik + -

Neuere Studien weisen darauf hin, dass Stress nicht nur von äußeren Faktoren beeinflusst wird, sondern auch genetisch vererbt werden kann. So können gestresste oder psychisch instabile Eltern und Großeltern zu einer epigenetischen Veränderung im Erbgut beitragen. Das heißt, dass nachfolgende Generationen anfälliger für Stress sein können.

Deine Lebenserfahrungen + -

Hast du bisher viele Erfahrung gemacht, in denen du deinen Stress und die Konflikte selbst gut lösen konntest (Selbstwirksamkeit)? Lassen dich deine bisherigen Erlebnisse positiver in die Zukunft schauen (positive Grunderwartungshaltung)? Konntest du in deinem bisherigen Leben viele Streitigkeiten beilegen und dich behaupten, wenn es darauf ankommt (Sozialkompetenz)? Kennst du einen Großteil deiner Bedürfnisse und Werte und warst in der Lage, danach zu handeln (Selbstwert und Selbstsicherheit)?

Deine Soziale Schicht + -

Studien weisen darauf hin, dass soziale Ungleichheit in diesem Bereich mit einem höheren Risiko für Stresserkrankungen verbunden ist. Armut, Obdachlosigkeit, Erwerbslosigkeit und finanzielle Sorgen können starke Existenzängste verursachen und sich negativ auf die psychische Gesundheit auswirken.

Deine Bildung + -

Der Bildungsgrad der Eltern hat einen hohen Einfluss auf die gesundheitliche Entwicklung von Kindern. Die Lebensführung, Ernährung, Alkohol/Zigaretten und Umgang mit Medien, sowie eine Streit- und Diskussionskultur sind eng an den Bildungsbereich geknüpft. Wichtig ist zu betonen, dass die Statistiken lediglich einen quantitativen Überblick bieten. Es gibt sowohl gesunde und stressresistente Familien mit geringer Bildung als auch psychisch ungesunde Familien mit höherer Bildung. Fehlende Bildung hat nichts mit Dummheit zu tun, sondern ist viel eher eine Kombination aus Aufwuchsbedingungen, sozialer Gerechtigkeit und Gleichstellung. Gerade die beiden letzten Punkte sind große Schwachstellen in unserer Gesellschaft.

Deine Familie und soziales Netzwerk + -

Dieser Punkt lässt sich am besten mit einem Auffangnetz unter einem Hochseil vergleichen. Es beruhigt enorm, wenn du weißt, dass du dich in Konfliktsituationen auf die Unterstützung und Geborgenheit deiner Freunde oder Familie verlassen kannst.

Dein Umfeld (Lebensraum) + -

Studien zeigen, dass das Leben in städtischer Umgebung oft als stressbelasteter wahrgenommen wird im Vergleich zu einem Leben in der Nähe der Natur. Der Lebensraum und die Infrastruktur haben einen Einfluss auf das Stresserleben. Dabei ist es zusätzlich ein individuelles Empfinden, so fühlen sich ältere oder gehandicapte Menschen eventuell wohler, wenn das soziale Leben, die Geschäfte und ärztliche Versorgung näher sind. Wie erlebst du diese Dynamik in deinem Umfeld, in dem du lebst?

Deine erlebten Bindungsmuster (sichere Bindung/ unsichere Bindung) + -

Die Bindung in den ersten Lebensjahren ist einer der wichtigsten Faktoren, um später selbstsicher und gelassen mit Stress umzugehen. Dazu gehört ein Grundvertrauen, welches sich in den ersten Lebensjahren entwickelt. Die Erfahrung in der Kindheit, den Fels in der Brandung und einen sicheren Hafen als Anlaufstelle bei einer Bezugsperson zu haben, spricht für einen sicheren Bindungsstil.

Deine berufliche Sozialisation und Anerkennung + -

Das bedeutet, dass du dir durch deine Berufswahl Fertigkeiten und Kenntnisse aneignen konntest und Anerkennung erfahren durftest. Das Empfinden von Sinnhaftigkeit stellt sich so ein und trägt zur Zufriedenheit bei.

Deine gesellschaftlichen und kulturellen Normen und Werte + -

Die gesellschaftlichen Bedingungen sind in der Welt völlig unterschiedlich. In manchen Kulturen ist Meinungsfreiheit weniger erwünscht, Diskriminierung wird als normal angesehen oder die Anerkennung der Gesellschaft erfolgt nur bei bestimmten Leistungserfolgen. Das führt zu einem intensiveren Stresserleben. Je enger das Korsett, desto mehr sinkt das Gefühl der Selbstwirksamkeit. Gleichzeitig sind die Normen und Werte, sogar die Regeln einer Religion, die Richtungsweiser einer Gesellschaft. Manchen (oft unsicheren) Menschen gibt es ein Gefühl der Sicherheit, klare Vorgaben und Handlungen zu erfahren. Helfen diese Normen dir oder empfindest du sie als kontraproduktiv?

Deine frühkindlichen Erfahrungen + -

Unsere Kindheit ist stark prägend, da sich in dieser Zeit unser Gehirn entwickelt. In dieser Phase hängt die Regulation eigener Emotionen noch stark von äußeren Einflüssen ab. Je sicherer die Aufwuchsbedingungen waren, desto eher entwickelt sich eine Stressresistenz.

Deine Gesundheit und dein Hormonsystem + -

(Chronische) Krankheiten oder Hormonschwankungen haben einen erheblichen Anteil am eigenen Wohlgefühl. Manche Krankheiten belasten ebenfalls den Umgang mit Stress und Konflikten. Pubertät, Prämenstruale Symptome, Wechseljahre oder Schilddrüsenprobleme beeinflussen den gesamten Organismus und deinen Umgang mit Stress und Konflikten.

Psychische Störungsbilder/neurodiverse Veranlagungen oder keine Einschränkung + -

Ist die Wahrnehmung und der Umgang mit Umweltreizen verändert, ist die Belastung wesentlich höher, als ein neurotypischer oder psychisch gesunder Mensch sie erlebt.

SELBSTTEST: ANZEICHEN VON STRESS

Wie bereits geschrieben, kann ein leichter und mittlerer Stresslevel in der Regel gut verarbeitet werden. Je höher und länger er anhält, desto zügiger muss daran gearbeitet werden. Es gibt einige Kennzeichen, die dir bei der Einordnung helfen, wie dringend du eine Veränderung brauchst.

	oft	wenig	kaum/gar nicht
Körperliche Kennzeichen			
Atembeschwerden (Kurzatmigkeit, Hyperventilation)	2	1	0
Einschlaf- oder Durchschlafstörungen	2	1	0
Ständige Müdigkeit	2	1	0
Verdauungsbeschwerden (Durchfall oder Verstopfung)	2	1	0
Magenschmerzen oder Übelkeit	2	1	0
Sexuelle Funktionsstörungen	2	1	0
Muskelverspannungen (Nacken, Rücken)	2	1	0
Kopfschmerzen	2	1	0
Ohrenrauschen/Tinnitus	2	1	0

Herzrasen	2	1	0
Engegefühl in der Brust	2	1	0
Kreislaufprobleme/Schwindel	2	1	0
Psychische und emotionale Kennzeichen			
Gedankenkarussell (oft nächtlich)	2	1	0
Hohe Reizbarkeit und Ungeduld	2	1	0
Anhaltende und wiederkehrende Angstgefühle	2	1	0
Stärkere Stimmungsschwankungen	2	1	0
Wiederkehrende Traurigkeit	2	1	0
Konzentrationsstörungen	2	1	0
Vergesslichkeit, „Schusseligkeit“	2	1	0
Überforderungsgefühl	2	1	0
Erschöpfungsgefühl	2	1	0
Innere Leere, Niedergeschlagenheit	2	1	0
Panikattacken	2	1	0
Gefühle der Hilf- oder Ausweglosigkeit	2	1	0
Kennzeichen im Verhalten			
Schneller Sprechfluss oder Stottern	2	1	0
Nicht zuhören können, ständiges Unterbrechen	2	1	0
Unregelmäßig und ungesund essen	2	1	0
Höherer Konsum von Medien, Zigaretten, Alkohol oder Medikamenten	2	1	0
Weniger Sport und Bewegung	2	1	0
Aggressives Verhalten im Umgang mit anderen (schnelles „Aus-der-Haut-Fahren“)	2	1	0
Gleichgültigkeit oder Distanz im Umgang mit anderen	2	1	0
Vertrauensverlust in die eigenen Fähigkeiten	2	1	0
Sozialer Rückzug, „Einigeln“	2	1	0

Zähne knirschen	2	1	0
Füße und Beine wippen, Fingertrommeln	2	1	0
Gesamtpunktzahl			

Bewertung

0–12 Punkte

Dein Stresserleben ist auf einem niedrigen Niveau. Behalte deine Entspannungseinheiten im Auge, dann kannst du alles gut verarbeiten.

13–35 Punkte

Die Stressspirale zeichnet sich bereits ab. Du solltest tätig werden, um dein Stresserleben zu verändern.

36 und mehr Punkte

Dein Stresserleben ist stark und derzeit schlecht kompensierbar. Um nicht krank zu werden, musst du dich jetzt aktiv mit dir und deinem Umfeld auseinandersetzen. Hole dir notfalls Hilfe, die dich passend unterstützt.

Ein starkes Stresserleben kann viele Ursachen haben. Wir werden alles nachfolgend genauer betrachten, um Lösungen für dich zu finden.

Ein weiterer Auslöser starken Stresses ist ein erlebtes Trauma oder ein psychisches Störungsbild. Darauf möchte ich mit dem folgenden Exkurs eingehen, um Verständnis für **diese starken emotionalen Zustände** zu schaffen. Heilung wird durch ein Buch kaum möglich, hier braucht es die passende Begleitung einer Psycho- und Verhaltenstherapie! Doch für alle Betroffenen und für ihre Mitmenschen ist es wichtig, zu wissen, dass es eine **unterstützende Sichtweise** gibt. Hiermit möchte ich einen kleinen Beitrag dazu leisten.

EXKURS: PSYCHISCHE STÖRUNGEN, TRAUMATA UND NEURODIVERSITÄT

HINWEIS
Wir gehen etwas tiefer in die Thematik, jedoch ohne Fallbeispiele. Falls du ein betroffener Mensch bist, entscheide bitte für dich, ob du weiterlesen möchtest.

„Psychische Gesundheit ist ein Zustand des Wohlbefindens, in dem eine Person ihre Fähigkeiten ausschöpfen, die normalen Lebensbelastungen bewältigen, produktiv arbeiten und einen Beitrag zu ihrer Gemeinschaft beitragen kann. Psychische Störungen stellen Störungen der psychischen Gesundheit dar, die oft durch eine Kombination von belastenden Gedanken, Emotionen, Verhaltensweisen und Beziehungen zu anderen gekennzeichnet sind. Beispiele für psychische Störungen sind Depressionen, Angststörungen, Verhaltensstörungen, bipolare Störungen und Psychosen. Psychische Gesundheit und Wohlbefinden werden nicht nur durch individuelle Merkmale beeinflusst, sondern auch durch die sozialen Umstände, in denen sich Menschen befinden und die Umgebung, in der sie leben." Def. WHO 2019

Jedes Jahr erfüllt in Deutschland mehr als jeder vierte Erwachsene die Kriterien eines psychischen Krankheitsbildes. Das entspricht rund 18 Millionen Betroffenen, von denen nur 20 % versuchen, kassenärztliche Hilfe in Anspruch zu nehmen (lt. Deutsche Gesellschaft für Psychiatrie und Psychotherapie, Psychosomatik und Nervenheilkunde). Psychische Störungen können im Menschen und seiner Entwicklung begründet oder durch traumatische Erlebnisse verursacht worden sein.

Ein Trauma bedeutet, ein extrem bedrohliches oder entsetzliches Ereignis oder eine Reihe von Ereignissen erlebt zu haben. Schafft der Mensch die Verarbeitung des Erlebten nicht, kann es zu einer posttraumatischen Belastungsreaktion kommen. Je länger und hilfloser der Mensch die Situation erlebt hat, desto komplexer und tiefgehender die Reaktion darauf. Besonders schwer und nachhaltig sind Kinder davon betroffen, da sie in absoluter Abhängigkeit zur Umwelt leben und kaum über ausreichende Regulationsmechanismen verfügen. An dieser Stelle spricht man auch von einem Entwicklungstrauma, da in die Entwicklung hin zu einem gesunden Menschen eingegriffen wurde. Diese Kinder haben nachfolgend oft große Schwierigkeiten, mit sich und anderen Menschen in einen passenden Kontakt zu treten. Vertrauensaufbau, Beziehungsfähigkeit und alle Selbstregulationsmechanismen sind nachhaltig gestört, sogar im Gehirn sind die Veränderungen sichtbar.

In Deutschland erleben circa 25 % der Menschen im Laufe ihres Lebens ein traumatisierendes Ereignis. Je nach Schutzfaktoren, d. h. Alter des Menschen, Dauer des Erlebnisses, soziales Umfeld, psychischen Vorbelastungen und soziale Anerkennung, kann das Trauma verarbeitet und integriert werden. Falls nicht, wird es zu einer posttraumatischen Belastungsstörung. 4 % der Männer und 12 % der Frauen sind nach einem traumatischen Erlebnis davon betroffen.

Bei einer posttraumatischen Belastungsstörung greifen viele Regulationsprozesse nicht mehr, *die ein neurotypischer und psychisch gesunder Mensch erlebt und leisten kann*. Der traumatisierte Mensch wird entweder von einem dauerhaften Gefühl drohender Gefahr begleitet oder erlebt sogenannte Trigger, die starke Gefühle von Angst und Ohnmacht erneut auslösen. Bestimmte Worte, Gerüche, Geräusche oder Menschen können zu einem Kontrollverlust führen. Der Körper befindet sich dann in einem Notfallprogramm.

Was bedeutet neurotypisch?

Es bedeutet, dass alle Sinneseindrücke an das Gehirn passend weitergeleitet werden, sodass sich das Lebewesen optimal auf die Umwelt abstimmen kann. Dazu gehört die Regulation, also das Ausbalancieren, des Organismus. Ein neurotypisches Lebewesen bewertet einen Reiz nicht übersteigert (hyper), sondern kann sich mit seinen Strategien gesund auf neue oder konfliktbehaftete Situationen einstellen. Das Nervensystem leitet die Signale angemessen weiter, die es für eine Reaktion braucht und reguliert, bzw. entspannt sich anschließend wieder.

Ist ein Lebewesen nicht neurotypisch aufgestellt, reagiert es hyperängstlich, -sensibel oder -wütend auf ein Ereignis. Gründe für dieses abweichende Verhalten sind im Gehirn zu finden: Autismus, ADHS, Hochsensibilität (ob als Symptom oder Ursache), Entwicklungsdefizite oder ein Trauma verhindern einen neurotypischen Ablauf. Hier spricht man von Neurodiversität.

Die Bewegung der Neurodiversität legt allerdings Wert darauf, Abweichungen nicht als krank einzustufen, sondern ruft dazu auf, mit Verständnis und Toleranz zu reagieren. Aus meiner Sicht als Stresscoach befürworte ich dieses Denken, es unterstützt den „neurountypischen" Menschen sehr. Annahme und Akzeptanz haben eine sehr große Wirkung auf die seelische Gesundheit! So kann Neurodiversität auch ohne das Gefühl „falsch zu sein" gelebt werden, wenn sie auf die passende Umgebung trifft.

„Anders sein ist nicht falsch, nur eine Variante von Richtig!"
Julia Engelmann

Warum braucht es dieses Wissen in diesem Buch?

Ich erlebe in meiner Hundeschule und im Stresscoaching auch diesen prozentualen Anteil an Menschen. Der Hund ist dabei oft ein bewusst gewählter Begleiter, er kann Sicherheit, Wohlgefühl und

Nähe geben. Die Betonung liegt dabei auf „kann", denn einige Hunde weisen ebenfalls Instabilitäten auf oder lassen sich stark von den Stimmungen des Menschen beeinflussen. Manche vierbeinige Persönlichkeit bringt ihre eigene Sicht auf das Hundeverhalten mit und lässt sich nur auf Menschen ein, die selbst klar und deutlich aufgestellt sind. Die klassischen Hundeschulmethoden für eine Verhaltensänderung oder -stabilisierung dieser Hunde sind dann nicht immer hilfreich, manchmal sogar kontraproduktiv, da der Mensch bei der Anleitung seines Hundes wegweisend ist.

Betroffene Menschen nehmen Worte und Erlebnisse oft verzerrt wahr. Hier braucht es eine sensible Begleitung mit einem guten Auge dafür, was möglich ist und was nicht. Das Einbeziehen des Menschen in alle Trainingsprozesse und das Überlassen von Entscheidungen, welcher Weg gewählt wird, sind dabei hilfreiche Ansätze. Ich finde dieses Wissen extrem wichtig, nicht nur für Trainerinnen, sondern für alle Menschen. Oft wird schnell bewertet, be- und verurteilt, wenn eine Hundehalterin Schwierigkeiten mit ihrem Hund hat. Das Wissen um diesen Themenbereich, der abweichenden neurologischen Vorgänge im Gehirn, lässt vielleicht einmal kurz innehalten, bevor ein Urteil gefällt wird. Wir Hundetrainerinnen haben übrigens niemals einen therapeutischen Auftrag! Doch die Hand zu reichen, Verständnis zu haben oder aktiv zuzuhören, ohne zu bewerten, sind sehr heilsame Methoden im zwischenmenschlichen Bereich, die ihre Anwendung finden dürfen.

HINWEIS

Leidest du an einem Trauma, einem psychischen Störungsbild oder bist du neurodivers aufgestellt? Dann kann es sein, dass manche Ansätze aus diesem Buch nicht die Wirkung haben, wie bei einem Menschen ohne diese Abweichung. Trotzdem möchte ich dir Mut machen, alles im Rahmen deiner Möglichkeiten auszuprobieren.

Stelle so früh wie möglich fest, wenn dir eine Methode oder ein Gedankengang nicht zusagt. Wähle dann lieber etwas, bei dem du dich wohler fühlst. Ein Stresscoaching kann keine Therapie ersetzen, doch vielleicht sprechen dich ein paar Themen aus dem Buch an, das würde mich freuen. Fühle dich bitte an keiner Passage unter Druck gesetzt, gehe deinen eigenen Weg in deinem eigenen Tempo. Lasse dich bitte nicht von Menschen verunsichern, die nicht in deinen Schuhen gelaufen sind.

KAPITEL 2

DU UND DEIN HUND

Jede zweite Anfrage an meine Hundeschule beinhaltet neben den Wünschen einer Leinenführigkeit, den verbindlichen Rückruf oder entspanntere Hundebegegnungen auch die Verbesserung der Beziehung oder Kommunikation zum Hund. Die meisten Menschen sind sich darüber bewusst, dass alles irgendwie zusammenhängt. Wie stark sich dein Stress auf deinen Hund auswirkt, was du tun kannst, wenn du etwas verändern möchtest, und wie solch ein Weg aussehen kann, beschreibe ich in diesem Kapitel.

GESTRESSTER MENSCH, GESTRESSTER HUND?

Durch die Domestikation und Zucht nach bestimmten Eigenschaften, zeigen unsere Hunde bindungsähnliche Verhaltensmuster, wie beispielsweise in einer Eltern-Kind-Beziehung. Auf der einen Seite macht diese Anpassung unsere Vierbeiner leichter trainierbar, sie zeigen eine hohe Bereitschaft, sich auf uns einzulassen und sind wesentlich kooperativer als ihre Vorfahren. Auf der anderen Seite sind sie dadurch auch empfänglicher für unsere Befindlichkeiten. Eine Untersuchung der Universität Wien an 132 Hund-Mensch-Teams zeigte, dass unser Einfluss auf den Hund hoch ist, denn der Stress, gemessen anhand des Stresshormons Kortisol, ging analog mit dem Pegel des Menschen hoch oder blieb entsprechend niedrig. Je ruhiger und emotional stabiler der Mensch war, desto entspannter zeigte sich der Hund (Schöberl, 2017). Jedoch wurde die Studie nur an intakten Rüden durchgeführt, die von Welpenbeinen an bei ihren Menschen lebten, interessant wären weitere Untersuchungen, die die Vielfalt der Mensch-Hund-Welt abzeichnen.

Eine Studie aus dem Jahr 2020 von Rita Lenkei und Kollegen verglich im Bindungsbereich Hunderassen, die als eher unabhängig gelten, mit kooperativeren Rassetypen. Interessant dabei: Die Bindungsfähigkeit wurde nicht durch die Rasse direkt beeinflusst, sondern zeigte sich viel eher als individueller Faktor innerhalb der Mensch-Hund-Beziehung.

Aus der Praxiserfahrung halte ich neben der vererbten Genetik, vor allem die Aufwuchsbedingungen für ein wichtiges Fundament, mit welcher „Anschlussbereitschaft" ein Hund zu seinem Zweibeiner kommt. Beispielsweise unterstützen eine fürsorgliche Hundemutter, eine freundliche erste Erfahrung mit Menschen und ein wenig moderater Stress den passenden Start in die Welt. Die weitere Lebenserfahrung beeinflusst den Hund ebenfalls und kann sich sogar epigenetisch auf die nachfolgenden Generationen auswirken. So kann es sein, dass ein eigenständiger Straßenhundmischling, der bisher viele eigene Entscheidungen treffen und ein hohes Maß an Selbstwirksamkeit erleben konnte, vielleicht eher seinen Weg geht, als sich **emotional** zu stark vom Menschen abhängig zu machen. Auch wenn Bindung nicht gleichbedeutend mit Abhängigkeit ist, sondern viel eher ein Sicherheitsgefühl bedeutet, öffnet dieser Zustand auch den

Raum für Stimmungsübertragungen. Je näher ein Hund mit uns zusammenlebt, desto mehr lenken wir ihn mit unserer Stimmung und unserem Umgang mit Stress.

Vielleicht fragst du dich an dieser Stelle, inwieweit du durch deine Art zu denken und handeln deinen Hund in seinem Wesen beeinflusst. Eine Hundepersönlichkeit formt sich im Laufe eines Lebens, durch gemachte Erfahrungen und Erlebnisse, an denen du einen großen Anteil hast. So können viele Erfolge, die du deinem Hund ermöglichst, ihn selbstsicherer und in seinem Auftreten selbstbewusster machen. Dadurch zeigt er sich offener und neugieriger für neue Situationen. Viele Misserfolge hingegen würden das Gegenteil bewirken.

In einer Fragebogen-Studie (2019) stellt der Sozialpsychologe William Chopik fest, dass sich die Persönlichkeit des Menschen und seines Hundes ähneln und sich Hunde dahingehend sogar anpassen. Grundsätzlich gelten persönliche Merkmale zwar als relativ stabile Eigenschaften, doch durch Lernerfahrungen ist noch einiges an Entwicklung möglich, vor allem in den Bereichen der **emotionalen Stabilität** (Neurotizismus) und der **Offenheit für neue Erfahrungen** (Extraversion) (Asendorf und Neyer, 2012).

Die **Zuchtauslese** beeinflusst ebenfalls die Merkmale einer Rasse. Gebrauchshunde aus der Leistungszucht können ein komplett anderes Verhalten zeigen als die gleichen Rassevertreter aus der Showlinie. Erstere gehören auf jeden Fall in sehr erfahrene Hände! So könnte auch durch eine unpassende Zuchtauswahl der „immer liebe Goldi" sich nicht mehr so kooperativ zeigen, sein Futter verteidigen und Liegeplätze knurrend für sich beanspruchen.

Um die Frage nach dem Grad der Beeinflussung zu klären, sind noch weitere Studien nötig. Eines ist aber sicher: **Wir haben einen Einfluss auf unsere Hunde!** Durch unseren Umgang, der Kommunikation und wie wir als „Vorbild" agieren und reagieren, wirken wir direkt ein. Hunde beobachten ihre Menschen, wie sie mit Konflikten und Problemen umgehen. Deswegen ist eine Arbeit an der eigenen emotionalen Stabilität, in jedem Fall eine Bereicherung für die Mensch-Hund-Beziehung.

Die Beziehung, die du dir zu deinem Hund wünschst, musst du selbst erschaffen. Sie ist oftmals kein Geschenk, meistens ist viel Arbeit an den eigenen Prozessen nötig.

Folgende Fragen geben dir eine Auskunft zu dem Grad deiner Beeinflussung und worauf du zukünftig vielleicht mehr achten kannst:

Was bewirken deine Emotionen bei deinem Hund? Dazu schreibe die Stichpunkte Freude, Wut/Ärger, Frust, Traurigkeit und Unsicherheit auf. Fallen dir Situationen in den letzten Wochen ein, bei denen du die Emotionen gefühlt hast? Wie hat dein Hund darauf reagiert?

Welche Bedeutung haben deine Ansprüche für deinen Hund? Dazu rufe dir in Gedanken auf, was du von deinem Hund verlangst. Eine gute Leinenführigkeit in einer stressigen Situation, ein stets funktionierender Rückruf, auch bei jagdlichen Reizen, und ein gelassener Umgang mit allen Menschen? Kann dein Hund diesen Ansprüchen gerecht werden, passen die Rasse, die Aufwuchsbedingungen und die bisherigen Lernerfahrungen dazu? Wie gehst du damit um, wenn die Ansprüche nicht erfüllt werden können? Und wo kommen diese Ansprüche her (siehe „Innere Antreiber“)?

Welche Erwartung von dir muss dein Hund erfüllen und bei welcher darf er widersprechen? Dein Alltag ist der Alltag deines Hundes. So gibt es Situationen des Anpassens, in denen du etwas einforderst. Dabei braucht es stets den guten Blick für die Überforderung. Denn wenn dein Hund es noch nicht leisten kann, darf und sollte er widersprechen können.

DEN EIGENEN WEG MIT DEINEM HUND FINDEN

Die meisten Menschen kommen mit ihrem Hund in meine Hundeschule, weil er ein Verhalten zeigt, das sie als störend empfinden. Die harmloseren Probleme sind fehlende Leinenführigkeit oder der noch nicht so gut funktionierende Rückruf. Intensiver wird es, wenn der Hund aggressives Verhalten zeigt. In seiner Grundform ist die Aggression eine sehr natürliche und wunderbar kommunikative Art, sein Gegenüber darüber zu informieren, dass man etwas nicht möchte oder das Gegenteil, etwas unbedingt möchte. **Hunde, die durch die Zuchtauswahl ein ausgeglichenes Wesen besitzen, gut sozialisiert wurden und passend eine anleitende Begleitung erlebt haben, setzen Aggression angemessen und ohne Übertreibung ein.** Doch selbst hier sind viele Menschen erst einmal erschrocken, wenn sie vor blitzenden Zähnen stehen. Manche reagieren übertrieben hart darauf, andere verfallen in eine Art Schockstarre oder bekommen Angst. Das aggressive Verhalten wird nur selten als wichtige Information interpretiert, bei der eventuell soziale Fragen gestellt werden, die eine andere Antwort als bisher benötigen.

Wenn der Welpe zu wenig Futter erhält, weil es auf der Packung anders stand, dadurch immer ziemlich hungrig ist und dann mehrfach vom Futter weggezogen wird („Er muss ja lernen, dass der Mensch das jederzeit darf!"), gibt ein aggressives Verhalten des Vierbeiners eine wunderbare Auskunft: Überdenkt eure Vorgehensweise! Das Ziel, jederzeit ans Futter zu dürfen, darf natürlich bestehen bleiben. Aber ein satter Welpe, der lernt, dass der Napf **gelegentlich** hochgenommen wird, um etwas Besseres hineinzulegen, hat eine Aggression in dem Fall nicht mehr nötig. Lernt er dazu noch, im Alltag Frust auszuhalten, abzuwarten, sich selbst zu regulieren und dass die Welt sich nicht nur um ihn dreht, wird eine schnelle Eskalation aggressiver Verhaltensweisen stark verringert. Doch bevor ich jetzt weiter ins

„Hundetraining“ einsteige, möchte ich wieder den Blick auf den Menschen lenken, denn es geht wie so oft nicht nur um das WIE (mit welcher Methode leite ich an?), sondern viel eher um das WER (wer leitet den Hund mit dem passenden Wissen an?).

Es ist der Mensch, der den Weg für den Hund ebnet, in welche Richtung sich ein Verhalten entwickelt. Gerade starke Hundepersönlichkeiten stellen mehr Fragen in dem Bereich. Sogar Bindungselemente finden sich in der täglichen Kommunikation wieder: Die Orientierung des Hundes gilt dem als weiser und stärker Empfundenen! Das hat wenig mit Lautstärke oder Gewalt zu tun, aber sehr viel mit klarer Kommunikation. Diese fängt beim Menschen im Kopf an, also in deinen Gedanken. Wie ernst nimmst du dich? Wie sicher bist du in deinen Handlungen? Glaubst du selbst, was du sagst? Orientierst du dich am Hund oder orientiert er sich an dir?

Neben leichten und angepassten Persönlichkeiten durfte ich ebenfalls die herausfordernden Vierbeiner kennenlernen und daran wachsen. Beispielsweise geben mir die Hunde aus dem Tierheim, für das ich ehrenamtlich arbeite, immer wieder die Chance zu prüfen, wie klar ich kommuniziere. Ein Rottweiler-Rüde ist mir in Erinnerung geblieben. Er hat gerne am Anfang eines Spaziergangs geschaut, wie standfest der Mensch ist, der die Leine in der Hand hält und IHN führen möchte. Ließ der Zweibeiner sich von der Raumeinnahme des Hundes beeinflussen und wich einige Zentimeter zurück, war der folgende Spaziergang anstrengender: ein ziehender und pöbelnder Rottweiler, der die Umwelt nicht nur mit dem Maulkorb beeindruckte. Zeigte der Mensch jedoch Standfestigkeit, Willen und ruhige Beharrlichkeit (ohne Wut), ließ sich der Rotti wesentlich besser durch den Alltag führen. Es ging für ihn eher darum, WER das Leinenende in der Hand hielt, und nicht unbedingt darum, WIE die Leinenführigkeit trainiert wurde. Denn das Kommando „Fuß“ beherrschte er sehr gut, je nachdem welcher Mensch es einforderte.

Wer sich einen Gebrauchshund geholt oder einen Tierschutzhund mit unschöner Vergangenheit adoptiert hat, steht nicht selten mit Tränen oder Wut vor seinem Vierbeiner. Nach so vielen Jahren in meinem Beruf kann ich sagen: Es ist ein Prozess mit Höhen und vielen Tiefen. Die eigene Erwartungshaltung, das eigene Stresserleben, der Alltag und dann noch eine Hundepersönlichkeit mit besonderen Verhaltensweisen, bergen in der Summe ein Konfliktpotenzial. So dauert es manchmal etwas länger, den eigenen und passenden Weg zu finden!

Ein Praxisfall

Bruno, ein Deutsch Drahthaarwelpe, findet ein Zuhause bei Maria, die sich in der Ausbildung zur Jägerin befindet. Sie hatte noch nie Hunde, möchte aber gerne einen Vierbeiner, den sie mit zur Jagd nehmen kann. Früh unterhielt sie sich mit Fachmenschen über die Eigenarten von Gebrauchshunden, deren Beharrlichkeit, hohe Motivation und starker Wille und was das für den Menschen bedeutet. In der Theorie nickte sie oft und fühlte sich dem gewachsen. Die Praxis sah dann ganz anders aus. Von Anfang an machte sich der eigene Kopf des Welpen bemerkbar. Um nun alles vermeintlich richtig zu machen, stieg Maria sehr früh und sehr heftig in die Kommunikation ein. Leider auch sehr emotional. Ihre Wut war echt, wenn der mittlerweile zum „Pubertier" mutierte Hund, Sachen klaute und sie nicht wieder hergab. Dabei sah man deutlich, dass der junge Rüde ebenfalls Lust auf die Auseinandersetzung bekam. Das ist nicht ungewöhnlich und kann sich auch bei anderen pubertierenden Spezies zeigen: Die Lust in den Wettbewerb zu gehen, um zu schauen, wo man selbst steht. Das männliche Sexualhormon Testosteron sorgt zwar später für einen souveränen Hund und ist generell ein guter Gegenspieler zu dem Stresshormon Cortisol, doch zeigt es sich bei pubertierenden (zwei- wie) vierbeinigen Rüden oft erst einmal in

Form einer erhöhten Aufregung oder in vermehrten Wettbewerbsgedanken. Trifft dieses Gesamtpaket auf das passende Gegenüber, kommt es zur Anwendung: Let's get ready to rumble!

Maria versuchte es mit mehr Härte und erntete einen noch stärkeren Willen des Hundes, der mittlerweile entdeckt hatte, dass der Einsatz der Zähne zum Durchsetzen führt. An dieser Stelle war es wichtig, das Coaching des Menschen in den Vordergrund zu stellen, um eine nachhaltige Veränderung zu bewirken. Es gab Fragen zu klären: Was macht das mit dir, wenn dein Hund von deinen Vorstellungen abweicht? Wie kannst du die Situation lenken, ohne dass es eskaliert? Weißt du, was dein Hund derzeit leisten kann und was noch nicht? Wie gehst du damit um?

Die oft gestellte Frage im Mensch-Hund-Training „Wer bewegt hier wen?" ist übrigens nicht nur auf Verhaltensweisen bezogen, sondern auch auf Emotionen. Warum bewegt mich mein Hund dazu, so eine starke Wut, Frust oder Traurigkeit zu zeigen? Tut sie unserem Prozess gut, ist es hilfreich?

Unsere Emotionen sind genauso natürlich wie die Aggression bei einem Hund, beides schenkt uns wichtige Informationen und nichts davon gehört verteufelt. Es bedarf einen Blick hinter diesen Vorhang, wenn wir merken, dass uns die emotionale Regulation schwerfällt (mehr dazu in „Deine Emotionen als Kompass").

Der Umgang im Alltag mit Bruno musste für Maria ein anderer werden. Das ist ein individueller Prozess, der täglich stattfindet und nicht in einzelnen Trainingseinheiten.

Folgende Schritte wurden bei Maria unternommen:

- Den eigenen Umgang mit Stress und Widrigkeiten prüfen (Kapitel 3).
- Sich selbst wahrnehmen, um frühzeitig passender einzugreifen.
- Eine konstruktive und rationale Haltung im Alltag üben, statt ins emotionale Überreagieren zu fallen.

- Den Hund in seiner Persönlichkeit und emotionalen Reife (Pubertät) sehen und annehmen.
- Die individuelle Antwort auf die Fragen finden: Was braucht mein Hund derzeit, um mich als anleitend, souverän und weisungsbefugt wahrzunehmen? Was braucht mein Hund generell derzeit, um sich passend und angemessen entwickeln zu können?
- Die noch zu begehenden Trainingsschritte aufschreiben: Was klappt bereits gut, was muss noch und in welcher Form geübt werden?
- Hundeverhalten: Wo gebe ich einem unerwünschten Verhalten zu viel Raum oder fördere es unbewusst?
- Ein Notfallprogramm erarbeiten: Was tun, wenn etwas Unvorhergesehenes passiert? Bisherige Fälle durchgehen und sachlich reflektieren.
- Managementmaßnahmen besprechen: Hausleine, Maulkorb, begrenzten und gesicherten Raum zur Verfügung stellen.

Vielleicht hast du Ähnliches erlebt wie Maria und gehst gerade in deinem Kopf die Punkte durch, die wir aufgegriffen haben, um etwas zu ändern. Wie ich am Anfang des Buches bereits geschrieben habe, geht es darum, **deinen eigenen Weg** zu finden. Wenn dich etwas inspiriert hat, freut es mich, aber prüfe genau, wie dein Weg aussehen könnte. Am Ende eines „Trainingsweges" höre ich oft Aussagen, wie: „Ich habe erst jetzt richtig verstanden, was es bedeutet, den Hund anzunehmen!" oder eine der letzten Aussagen: „Ich verstehe nun, dass eine konsequente Haltung nicht unbedingt bedeutet, immer und jederzeit konsequent zu sein, sondern dass es viel eher das Dranbleiben beschreibt. Nicht aufzugeben, das Ziel weiterhin im Auge zu behalten und sich nach jedem Rückschlag aufzurichten und weiterzugehen!". Das sind wichtige Erkenntnisse!

Ich persönlich glaube, dass die Menschen die gutgemeinten und vielleicht auch passenden Ratschläge erst mit eigenen Erfahrungen füllen müssen, um sie wirklich zu verstehen. Nicht nur kognitiv, sondern auch auf der Gefühlsebene. Maria war sich vorweg im Klaren darüber, dass ein Deutsch Drahthaar ein anspruchsvoller Hund ist, der motiviert und zielgerichtet seinen Aufgaben nachgehen soll. Doch was es dann wirklich bedeutet, einen solchen Hund davon zu überzeugen, sich ihr anzupassen, wurde erst im gemeinsamen Tun und Handeln klar. Es gibt keine bessere Lupe für die eigenen Führ-, Sozial- und Stresskompetenzen als ein anspruchsvoller Hund. Umso wichtiger ist es, dass du deinen eigenen Weg findest, auch wenn er länger ist und mehr Hürden beinhaltet, als von dir geplant.

DIE BEDEUTUNG DER ANNAHME IN DER MENSCH-HUND-BEZIEHUNG

Es ist schon fast ein geflügelter Satz von vielen Hundetrainerinnen: „Nimm' deinen Hund mit seiner Persönlichkeit an!". Doch was bedeutet es genau? Im Stress- und Resilienzbereich geht es oft um Annahme und Akzeptanz als stressmindernde Sicht auf Konflikte. Hier ranken sich ebenfalls einige Mythen und irreführende Interpretationen. Manche verwechseln die Annahme mit einem Hinnehmen, ein Wort, das eine schulterzuckende Passivität bedeuten würde: „Da kann ich wohl nichts daran ändern! Seufz!" und den Beigeschmack einer hilflosen Opferhaltung in sich trägt.

Es gibt viele Bücher, die behaupten, man müsse wie ein biegsamer und angepasster Bambus sein, so käme man besser mit Stress klar. Vielleicht mag sich dieser Weg erst einmal gut anfühlen, denn „ein Kontra bieten" und gegen den Strom schwimmen, ist anstrengend. Doch eine zu starke Anpassung oder Hinnahme kann den Zugang zu den eigenen Bedürfnissen verringern, somit fällt es dir folgend schwerer dafür einzustehen. Die Persönlichkeit deines Hundes anzunehmen, ist extrem wichtig, jedoch jede seiner Verhaltensweisen hinzunehmen, wäre langfristig eher frustrierend, selten alltagstauglich und dazu noch stressverschärfend.

Eine der wichtigsten Säulen der Resilienz ist das Selbstwirksamkeitsgefühl, es bedeutet an die Möglichkeit zu glauben, eine Situation selbst verändern zu können (das wird in einem anderen Kapitel noch ausgiebig behandelt). Allein diese Überzeugung senkt aktiv den Stress, erstaunlicherweise auch dann, wenn sich faktisch gar nichts verändert. Trotz dieser klaren Aussage braucht es wie so oft eine Differenzierung, denn nichts im Leben ist nur schwarz oder weiß. Es gibt Begebenheiten, die lassen sich nur schwer ändern, dazu gehört die Persönlichkeit eines sozialen Lebewesens, also die relativ stabilen Eigenschaften im Denken, Fühlen und Handeln. Als Standardmodell zur Persönlichkeitsbeschreibung wird häufig noch das Fünf-Faktoren-Modell genutzt. Andere Modelle beziehen sich auf das Temperament oder stellen (neuro-)biologische Einflüsse in den Fokus. Ein sehr komplexes und spannendes Thema, das dafür sorgt, sich selbst oder andere besser zu verstehen. Auch unsere Hunde verfügen über relativ stabile Eigenschaften, die durch ihre Genetik, Lebenserfahrung und dem Umfeld geprägt werden (Lesetipp: M. Nitzschner, Die Persönlichkeit des Hundes. KOSMOS Verlag).

Gute Praxisbeispiele sind die Wesensausprägungen Introversion und Extraversion. Sie finden sich in fast allen Modellen wieder und sind auch bei unseren Vierbeinern vorhanden. Das introvertierte Lebewesen zeigt sich abwartender im Umgang mit Reizen und braucht mehr Erholungszeit, vor allem nach vielen unterschiedlichen sozialen Kontakten. Während die Extraversion eher nach außen gewandt ist und jegliche Form von Geselligkeit als anregend und eher weniger als ermüdend empfindet. Selbst im Gehirn lassen sich die Unterschiede feststellen: Das introvertierte Gehirn arbeitet vermehrt in dem Bereich der Problemlösung und Planung (vorderer Thalamus und

Frontallappen), das extrovertierte zeigt sich ausgeprägter in der Reaktionsbereitschaft auf Reize (hinterer Thalamus und Temporallappen). Wobei ich darauf hinweisen möchte, dass die Ausprägungen unterschiedlich stark sein können, beispielsweise in Abhängigkeit von dem Gefühl der Sicherheit. Ein introvertiertes Lebewesen in sicherer und ritualisierter Umgebung kann sich wesentlich offener und reaktiver zeigen, ohne danach eine lange Pause zu brauchen. Außerdem spielen noch andere Faktoren wie die psychische Stabilität hinein, die sich aus Genetik und Lebenserfahrung formt.

In Bezug auf unsere Hunde lassen sich diese Eigenschaften in Rasse und Persönlichkeit ebenfalls feststellen. In meiner Praxiserfahrung habe ich beispielsweise mehr englische und amerikanische Bulldoggen mit einer introvertierten Persönlichkeit erlebt, als Border Collies oder Australian Shepherds. Ausnahmen sind natürlich möglich, doch das Gehirn dieser Hunde wurde durch die Zucht analog ihrer Aufgaben geformt. Die schnelle Reaktionsbereitschaft, Reize auf großer Entfernung einsortieren, sich den Menschen in hoher Kooperationsbereitschaft anschließen und auf feinste Signale reagieren, liegen als Eigenschaften eher bei den Hütehunden als bei den ehemaligen Bullenbeißern vor. So sind einige extrovertierte Merkmale bereits in der Zucht verankert.

Was bedeutet dieses Wissen um die Persönlichkeit des Hundes für die Annahme? Vielleicht ist es dir bereits klar: Dein Hund bringt seine relativ stabilen Eigenschaften im Denken, Handeln und Fühlen zum großen Teil mit. Es sind die Wesenszüge, mit denen du auskommen musst, auf die du dich mit deiner Kommunikation und Erziehung abstimmen darfst und die ihre Annahme brauchen. So helfen in deinem Zusammenleben mit deinem Hund die drei „A"s: **Annahme, Akzeptanz und Abstimmung**. Gerade das letzte Wort ist wichtig, denn es beschreibt *das Gegenteil von Hinnahme*. Nur weil mein Schäferhund schützende Tendenzen zeigt und sich eher für seltsam aussehende Menschen verantwortlich fühlt, heißt es nicht, dass ich es hinnehme. Daraus resultiert für mich viel eher der Auftrag, ihn verantwortungsvoller zu führen und *noch klarer* seine Rollen und Aufgaben zu definieren.

Besitzt du einen tendenziell eher introvertierten Hund, braucht er mehr Zeit, um neue Situationen einzusortieren, sich zu regenerieren (Schlaf- und Ruhezeiten) und ein größeres Sicherheitsempfinden im Alltag. Das so anzunehmen und damit zu arbeiten, kann je nach eigener Erwartungshaltung, Stresserleben und Persönlichkeit herausfordernd sein.

Die Annahme als ICH-Botschaft im Denken und Handeln

Ich sehe dich mit deinen Bedürfnissen. Ich nehme deine Persönlichkeit an und stimme die Erziehung als anleitender Mensch darauf ab, damit du dich in meinem Alltag wohlfühlen kannst und andere sich mit dir wohlfühlen. Ich stehe dir wertschätzend und wohlwollend gegenüber, ohne mich und meine Bedürfnisse zu vernachlässigen. Ich unterstütze dich darin, zu wachsen und dich zu entwickeln.

DEINE ERZIEHUNG UND IHR EINFLUSS AUF DEINEN HUND

So schön ich es finden würde, dass Hunde sich allein durch unsere gelassene Haltung unserem Alltag anpassen, spiegelt es leider nur selten die Realität wider. Es ist eher ein Zusammenspiel von Persönlichkeiten, Motivationen und Alltagssituationen, bei dem wir mit unserer Haltung und Einstellung ein großer Einflussfaktor sind und letztendlich die Verantwortung für die Anpassung tragen. Eine frühere Definition der Erziehung eines Hundes hat sich bei mir eingebrannt. Auch wenn die Begrifflichkeiten mittlerweile veraltet sind, möchte ich sie nennen: „Die Erziehung des Hundes bedeutet, Kontrolle in Trieb-, Stress- und Konfliktsituationen zu haben."

Das Wort Kontrolle wird bei einigen Menschen Befindlichkeiten hervorrufen und die Triebtheorie ist überholt, sodass man eher von einer hohen Motivation spricht. Ich sehe den Satz pragmatischer und würde ihn heute etwas umformulieren:

Erziehung bedeutet, einen Zugriff zu seinem Hund in Stress- und Konfliktsituationen zu besitzen und ihn in verschiedenen Motivationslagen lenken zu können.

Möchtest du diese Worte mit Leben füllen, müssen sie auf dich und deinen Hund individuell abgestimmt werden. Verschiedene Fragen bieten dir dabei eine Hilfe:

- Mit welchen Situationen hat dein Hund Stress?
- Wie sieht der Stress aus und wie stark ist er?
- Wie gehst du mit den Situationen um? Wie sind deine Emotionen?
- Was sind Konflikte für deinen Hund?
- Was ist deinem Hund wichtig (drinnen und draußen)?
- Besitzt er jagdliche (Jagd- oder Apportiertyp), schützende (Herdenschutz- oder Schäferhundtyp) oder menschenorientierte (Begleithundetypen) Motivationen? Wie stark sind sie ausgeprägt?
- Wo darf er seine Motivationen ausleben und wo nicht?
- Welche Motivation kannst du fördern und welche sollte nicht gefördert werden?
- Wie sieht euer Alltag aus?
- Wie reaktionsbereit ist dein Hund?
- In welchen Situationen und Erregungszuständen ist er noch ansprechbar?

- Hast du die Basis mit ihm geübt? Weiß er, was gewünscht ist? (Statt „Was soll dein Hund nicht machen?", ist die Basis „Was soll dein Hund machen?").
- Wie ernst nimmt dich dein Hund im Alltag? Wie verbindlich bist du in deiner Kommunikation?
- Wie ernst nimmst du dich?
- Wie klar sind deine Regeln und Vorstellungen formuliert?

Es gibt sicher noch viel mehr Fragen, doch der Kern von allem ist die Abstimmung der Erziehung auf eure individuellen Bedürfnisse und die Umgebung. So darf der Rottweiler auf dem Schrottplatz deutlich alle Eindringlinge vertreiben, aber bitte dieses Verhalten nicht zu Hause in einem Mehrfamilienhaus bei den Nachbarinnen anwenden. Welche Motivation wann und wo zugelassen wird und inwieweit sie Förderung erhält, entscheidet der Mensch. Genetik und die Persönlichkeit eines Hundes sind allerdings keine beliebig formbare Knetmasse, **darüber sollte bereits bei der Auswahl des Hundes nachgedacht werden.**

Geklärte Rahmenbedingungen geben Sicherheit

Erziehung ist ein Prozess, so wie das gesamte Zusammenleben mit deinem Hund. Außerdem gibt sie einen Handlungsrahmen im Alltag vor und wirkt stressreduzierend, wenn sie passend gestaltet ist. Was dein Hund braucht, ist sehr individuell. Neben Fürsorge und Annahme ist der erzieherische Zugriff ein wichtiger Punkt, der je nachdem unterschiedlicher Herangehensweisen bedarf. Für sehr anpassungsfähige Hunde reichen ein Sitz, Platz und Fuß aus, um sie sicher durch die Umwelt zu führen, andere haben größere Ansprüche darin zu erfahren, welche Aufgaben und Rollen sie erfüllen dürfen. Wir stellen den Raum dafür zur Verfügung oder sollten ihn gegebenenfalls etwas verkleinern. Geklärte Rahmenbedingungen geben eine große Sicherheit und wirken somit dem Stress der Unklarheit entgegen.

Rosinenpause

Was beschäftigt dich gerade? Welche Gedanken oder Bilder kamen beim Lesen hoch? Gab es Erkenntnisse zum Umgang mit deinem Hund? Oder neue Bewertungen von vergangenen Situationen? An welcher Stelle möchtest du weiter in die Tiefe gehen? Was kommt für dich überhaupt nicht infrage und warum? Wie bewertest du deinen erzieherischen Zugriff zum Hund in verschiedenen Situationen? Nimmst du deinen Hund mit seiner Persönlichkeit an? Von einer Skala von 0 (gar nicht) bis 10 (absolut), wie sehr bist du deinem Hund zugetan und wie sehr er dir? Fallen dir spontan Verhaltensweisen ein, die du verändern möchtest?

EXKURS „BEDÜRFNISORIENTIERTE ERZIEHUNG" UNTER DER LUPE

Zwei Wörter, die ich in der letzten Zeit oft in Bezug auf die Erziehung unserer Hunde lese. Erst einmal hören sie sich sehr sinnvoll an: Es ist wichtig, auf die individuellen Bedürfnisse eines Hundes einzugehen. Fühlt sich dein Vierbeiner verstanden, zeigt er sich wesentlich zugewandter und zuhörender. Auch in eurer Bindung schaffst du damit eine größere Sicherheit, wenn du erkennst, was dein Hund braucht. Ein achtsamer und feinfühliger Umgang ist also in jedem Fall eine Bereicherung. Ein Missverständnis kann dabei in der Bewertung der Bedürfnisse und ihrer Interpretation entstehen. Denn hier zeigt sich in dem langen Verlauf der Hundehaltung das menschliche Fehlvermögen. Wir interpretieren meistens aus unserer (Lebens-) Erfahrung, die bei jedem Menschen anders aussehen kann. Es gehört nicht nur das Wissen dazu, sondern auch die bewusste Entscheidung, ein Hundeverhalten und die jeweiligen Bedürfnisse objektiv zu beurteilen. So manche, als einzig wahre angepriesene Erziehungsmethode fußt auf der menschlichen Arroganz, alles zu wissen.

So nehmen wir jetzt diese Begrifflichkeit zur Hundeerziehung einmal stellvertretend auseinander. Mit diesem Blickwinkel kannst du zukünftig alle weiteren Methoden betrachten und hinterfragen.

Die *bedürfnisorientierte Erziehung* wurde als Beschreibung aus dem Humanbereich übernommen. 1985 haben der Kinderarzt William Sears und seine Frau Martha es unter dem Begriff Attachment Parenting als Erziehungslehre veröffentlicht. Diese „neue" Sicht entstand als Gegenbewegung zu der Erziehungsweise, Babys und Kleinkinder einfach weinen zu lassen und ihnen weniger körperliche Zuwendung und Nähe zu geben. Unterstützt von den neuen Erkenntnissen der Bindungstheorie sollte ein Baby nun möglichst lange gestillt, viel am Körper getragen und auf jegliches Weinen schnellstmöglich eingegangen werden. Insgesamt also eine gute und sinnvolle Erkenntnis, die eine sichere Bindung unterstützt.

Zeitgleich gab es Kritik daran. So basierten die meisten Ausführungen auf der praktischen Erfahrung der Kinderärzte und galten nicht als wissenschaftlich abgesichert. Die fehlende Begriffsgenauigkeit führte zu einem großen Spielraum der Interpretation und Auslegung. Die Abgrenzung und Unterscheidung von Stress war beispielsweise ungenügend, so wurde jegliches Weinen als Disstress (krankmachender Stress) eingestuft, ein Thema, bei dem die damaligen Erkenntnisse der Resilienzforschung deutlich widersprachen.

Eine berechtigte Sorge war, dass eine ängstliche Dauerüberwachung des Kindes stattfand oder eine Überfürsorge entsteht, bei der den Kindern keine eigene Erfahrung mit Stress zugestanden wird. Jegliche Probleme könnten so frühzeitig beseitigt werden, sodass das Kind keine Chance hat, eigene Lösungskompetenzen zu entwickeln. Ein Kind ständig bei Laune zu halten, trägt die Gefahr in sich, einen Umgang mit Frust falsch zu vermitteln. Viele Mütter sahen sich einem großen Stress ausgesetzt, ihr Kind bis zum vierten Lebensjahr so eng zu begleiten. Das Gegenteil des Ziels dieser Lehre wurde so verursacht: eine überforderte Bezugsperson im Umgang mit dem Kleinkind.

Obwohl die Verfasser Verfechter des *autoritativen Erziehungsstils* waren, der dafür steht, ein Kind anzuleiten und zu führen, unter gleichzeitiger Berücksichtigung seiner Bedürfnisse, gingen die Anhängerinnen immer mehr in eine ideologische, fast schon fanatische Richtung. Die fehlende Begriffsgenauigkeit ergab diesen Effekt.

Vor einiger Zeit fand die Begrifflichkeit „bedürfnisorientierte Erziehung" Einzug in die Hundewelt. Es ist, wie du sehen kannst, bereits für Babys und Kleinkinder schwierig, eine klare Definition herzustellen, bei einem Hund wird die Interpretationsfläche noch größer. Was sind die Bedürfnisse eines Hundes? Trinken, Fressen, Schlafen und ein Sicherheitsgefühl gelten als Grundbedürfnisse. Das letzte Wort lässt jedoch wieder einen großen Spielraum menschlicher Interpretation zu, was einem Hund Sicherheit schenkt.

Folgende Punkte gilt es genauer zu betrachten:

- Ein Hund ist kein Kind.
- Ein Welpe hat sicher noch ein größeres Bedürfnis bei der Co-Regulation seiner Zustände durch den Menschen und auch nach Nähe.
- Ein erwachsener Hund hat andere Bedürfnisse: Ressourcenverteidigung (auch Territorialität), Vermehrung, Jagen und gegebenenfalls Töten stellen ernste Absichten da. Streng genommen sind es keine Bedürfnisse, obwohl sie aus der Sicht des Hundes dem Nahrungserwerb (Jagen und Töten), dem Schutz (Ressourcen, Territorium) und dem Überleben der Spezies (Vermehrung) dienen. Es sind je nach Hund unterschiedlich stark ausgeprägte Motivationen, bei denen es wichtig ist, darüber zu diskutieren, welchen Raum sie erhalten dürfen.
- Es braucht eine genaue Begriffsdefinition: Was sind die Grundbedürfnisse, die Bedürfnisse und die Motivation eines JEDEN

Hundes? Wo gibt es individuelle Unterschiede? Je individueller, desto weniger kann ein festes Konzept passend sein.

- Stress ist nicht immer schlecht: Das Erleben von bewältigbarem Stress erhöht die Kompetenz im Umgang mit Frust und Stress. Selbst bei kleinen Welpen tut es ihrer Resilienz gut, wenn sie einen etwas längeren Weg zur Zitze der Mutter zurücklegen müssen, statt sofort in dem Grundbedürfnis „Hunger“ befriedigt zu werden.
- Sicherheit durch passende Anleitung: Ein klar kommunizierender Mensch, der sich für den Hund lesbar und verständlich zeigt, kann ein „Nein“ formulieren und damit einen Handlungsrahmen setzen. Je urbaner der Lebensraum ist, desto mehr Regeln existieren für den Hund, desto mehr sollte er eine Anpassung lernen. Es bedeutet für ihn ebenfalls zu lernen, seine Bedürfnisse in bestimmten Momenten zurückzustellen und seiner Motivation nicht immer nachgehen zu dürfen. Die Stichworte dazu sind: Impulskontrolle, Selbstregulation, Frustrationstoleranz und die generelle Erwartungshaltung des Hundes.

Die Modelle für Hunde, die ich bisher zu einer bedürfnisorientierten Erziehung erlebt oder gelesen habe, waren einseitig und meist auch ideologisch geprägt. Eine Übernahme von Erziehungs- oder Beziehungsmethoden aus dem Humanbereich braucht immer eine genaue und möglichst objektive Betrachtung. Vergleiche zwischen Kind und Hund hinken in vielerlei Hinsicht. Genauso wie zwischen Wild- oder Zootieren und Hunden. Die meisten Verhaltensbiologinnen sind sich einig: Hunde nehmen einen ganz eigenen Raum im Leben auf dieser Welt ein. Sie zeigen sich an den Menschen angepasster und verstehen unsere Gestik, Mimik und Stimmung besser als jede andere Tierart auf diesem Planeten. Zeitgleich besitzen sie jedoch noch tierische Instinkte und Motivationen. So darf auch das Konzept zum Verstehen und Erziehen der Hunde ein eigenes sein. Die Wissenschaft und die Verhaltensbiologie schenken uns dazu immer neue Erkenntnisse, der Weg ist jedoch noch nicht zu Ende. Bleibe also offen für alles und schaue so individuell wie möglich auf dich und deinen Hund!

KLARHEIT IN DEN ROLLEN, DEN BEDÜRFNISSEN UND MOTIVATIONEN

Welche Rolle nimmst du in der Beziehung zu deinem Hund ein? „Ich muss mich um alles kümmern, denn alleine kommt er nicht klar!", hat letztens ein Mensch in einer Beratung gesagt. Falls dieser Satz täglich seine Wirkung im Miteinander zeigt, führt er dazu, alle Ansätze im Keim zu ersticken, den Hund in seiner Selbstwirksamkeit zu fördern. Das Lernfeld der Selbstregulation wäre davon betroffen, denn eigene Erfahrungen lassen erst die Möglichkeit zu, sein Handeln zu überdenken. Erfährt beispielsweise der junge Welpe bei einem sozialkompetenten (!) Althund durch passende Aggression und Körpersprache, dass Übermut nicht gut ankommt, erlebt er eine Lektion im Selbstregulationsbereich. Eine wichtige eigene Erfahrung, die wir einem Welpen gönnen sollten. Denn nachfolgend wird der junge Vierbeiner eine andere Strategie der Kontaktaufnahmen wählen. Führt diese zum Erfolg, speichert es sich im Gehirn ab. Nehmen wir hingegen dem Welpen diese Möglichkeit, **werden wir immer in der Rolle des „Co-Regulators" bleiben müssen**, der dafür sorgt, dass sich der Hund mit dem unregulierten Verhalten nicht selbst gefährdet. Wie eine selbsterfüllende Prophezeiung kann so ein Denksatz des Menschen den Alltag mit seinem Hund verändern, er traut seinem Hund generell weniger zu und verringert damit die Chance, eigene Erfahrungen zu machen. In Kapitel 3 gehen wir noch mehr auf Glaubenssätze ein, die unser Handeln beeinflussen. Hier gehören alle Gedankengänge hinein, mit denen wir unsere Hunde oft unbewusst in eine Schublade oder Rolle stecken. Auch wenn das Kategorisieren normal ist, es hilft sehr, wenn eine Schublade offen bleibt und die Möglichkeit gegeben ist, in eine andere zu hüpfen.

Hunde werden gleichsam überschätzt und unterschätzt. Sie können eine Menge leisten, angefangen bei ihrer unglaublichen Nasenleistung, die immer noch über den technischen Möglichkeiten der Menschheit steht, bis hin zu unbewusst therapeutischen Effekten, beispielsweise Freude und bedingungslose Nähe zu schenken. Und doch werden sie überschätzt und ihnen zu viel zugemutet. Einige Hunde sind damit überfordert, als unser Partner-, Sportkumpel- oder Kinderersatz herzuhalten, um unsere Bedürfnisse zu stillen. Vielleicht wollen auch einige unserer Vierbeiner gar nicht aufhören zu jagen und die Beute zu töten, nur weil wir so wunderbare Konditionierungsprozesse für sie erforscht haben. Und eventuell bedeutet eine Aggression nicht nur den Wunsch nach Abstand, sondern ist durchaus eine befriedigende Antwort, die Spaß macht. Gerade junge Rüden und Gebrauchshunde sammeln hier lustvolle Erfahrungen. Es kann also sein, dass wir Hunde falsch einschätzen, weil es für uns schwer ist, ihre Bedürfnisse wirklich objektiv zu beurteilen.

Um die Aufgaben und Rollen im täglichen Zusammenleben zu definieren, ist es wichtig, die Motivation deines Hundes zu kennen. Je klarer die Verteilung der Verantwortung ist, desto mehr Sicherheit empfinden alle Beteiligten. Es ist für jedes Lebewesen ein gutes Gefühl zu wissen, was von dem Gegenüber erwartet werden kann und welche Erwartungen an einen selbst gerichtet sind, so besteht die Möglichkeit einer Abstimmung. In der Resilienzforschung ist die Rollen- und Aufgabenklarheit eine weitere Säule, die dazu beiträgt, gelassener mit Konflikten und Stress umzugehen. Eine Klarheit in den Entscheidungsstrukturen gilt als deeskalierendes Mittel.

Was macht eine Unklarheit mit einem Menschen? Momentan erleben wir in dieser Welt eine unsichere Zeit, es verwischen gefühlt viele Grenzen, Rollen werden neu definiert und die Umweltbedingungen sorgen für Zukunfts- bis hin zu Existenzängsten. Eine Unsicherheit sorgt für einen noch größeren Wunsch nach Sicherheit. So werden auch einfache Lösungen in Kauf genommen. Scharlatane, Heilsversprechungen und Verschwörungstheorien haben ein leichteres Spiel, wenn der Nährboden die Angst ist. Doch wie so oft liegt die Lösung nicht im Außen, sondern bei einem selbst. Wenn dir deine Rolle nicht klar ist, dann mache dich auf den Weg sie zu finden. Der Mensch steht hier in der Verantwortung, seinem Hund in seiner Rollenfindung und -klarheit zu helfen, indem er sich darüber bewusst ist, wo er selbst in der Entscheidungsstruktur steht.

Ein Beispiel für ein besseres Verständnis: Mein Schäferhund ist durch die Zuchtauslese, Genetik und die Aufwuchsbedingungen auf die Rolle des aufmerksamen Aufpassers geprägt. Er fühlt sich schnell für neue Reize und unklare Situationen verantwortlich. Ohne dass ich es jemals trainieren musste, stellte er einen Einbrecher an die Wand. Kein Beißen, dafür glasklare offensive Aggression, die dem Eindringling einen klaren Rahmen setzte: Du bleibst in der Ecke stehen und bewegst dich nicht. Bis ich kam und meinen Hund dort wegholte. Als Therapiehund wäre er ungeeignet, aber als Haus- und Hofbewacher hat er die volle Punktzahl erreicht. Jetzt musste ich ihm nur erklären, dass nicht alle Menschen, die uns besuchen, kriminell sind. Auch nicht die, die uns dunkel gekleidet in der Abenddämmerung begegnen. Hier braucht es also das Gespräch über seine Zuständigkeit und Rolle. Vielmehr als das „WIE" (die Methode), ging es bei meinem Schäferhund um das „WER" trifft die Entscheidungen: Sieht er mich in der Rolle des anleitenden Menschen, der die Umgebung im Griff hat? Das musste ich in unserem täglichen Zusammenleben unter Beweis stellen. Zusätzlich werden seine Aufgaben in verschiedenen Situationen und Orten besprochen: Er darf beispielsweise nie als Erstes an der Tür sein, um Fremde zu „begrüßen" (in der Schäferhundsprache würde er sie eh nur abchecken und keinesfalls Hallo sagen). Im Garten bei uns zu Hause wird auch nicht am Zaun gestanden und sich um die Kontrolle der Umwelt gekümmert. Polizeimütze und Strafzettel sind keine ständigen Begleiter, sondern nur situative Möglichkeiten. In meinem Zentrum, in dem ich oft bis in die Dunkelheit arbeite, darf er hingegen gerne seinen Job ausleben. Allerdings erst seitdem er in einem Alter war, in dem er sich von mir jederzeit ansprechen und begleiten ließ.

Ganz anders die Rolle meines Zweithundes. Mit acht Jahren habe ich den kleinen Terriermix übernommen, der sich am wohlsten auf meinem Schoß fühlt. Ich nenne sie liebevoll „mein kleiner Pattexhund", weil die Hündin wie ein Kleber ist. Ihre Rollengespräche gingen eher in die Richtung, Nähe und Distanz neu zu definieren. Denn ich habe einen Job und verschiedene andere Verpflichtungen, die entgegen ihrer Wünsche waren. Sie darf bei mir im Bett schlafen und muss es tagsüber aushalten, dass ich kaum verfügbar bin.

In welcher Rolle befindet sich dein Hund derzeit? Ist er der Aufpasser, oder ist er dein Alltagsbegleiter, ohne dass er eine besondere Rolle hat? Ist er der Jäger, kontrolliert er leidenschaftlich seine Umgebung oder fühlt er sich am wohlsten bei dir auf deinem Schoß? Fühlt er sich in seiner Rolle wohl oder stresst sie ihn?
Welche Rolle darf er ausleben und zu welchen Bedingungen? Kann er es klar unterscheiden, versteht er den gesetzten Rahmen?

Definiere deine Rolle. Was braucht dein Hund von dir? Wie kannst du es leisten? Was möchtest du für deinen Hund sein?

Diese Fragen sind der passende Übergang zum nächsten Kapitel. Vielleicht ist es jetzt an der Zeit für eine „Rosinenpause", denn ab jetzt tauchen wir wirklich ab, in die Tiefen des Menschseins.

KAPITEL 3

DU

DEIN UMGANG MIT STRESS UND DEINE MÖGLICHKEIT ZUR VERÄNDERUNG

„Veränderungen beginnen immer in einem selbst." Was für ein abgedroschener Satz, den du bestimmt schon oft gelesen oder gehört hast und doch enthält er so viel Wahres. Vielleicht hast du beim Kauf dieses Buches „Lass' die anderen reden" gehofft, dass es ein eindeutiger Fingerzeig auf das Fehlverhalten deiner Mitmenschen gibt und du erfährst, wie du dich vor ihnen schützen kannst. Bei dem Schutz kann ich dir helfen, doch bei der Schuldfrage ist es leider nicht immer so deutlich. Es ist viel eher komplex, weil alles in einem Zusammenhang steht. Doch fangen wir bei dir an:

Selbstwahrnehmung, Selbstreflexion, Selbstvertrauen, Selbstwertschätzung, Selbstregulation, Selbstwirksamkeit, Selbstfürsorge … es gibt so viele Begriffe in der Psychologie und Stressforschung, die sich um einen selbst drehen. Alle haben ihre Berechtigung und einen Sinn. Manche Begriffe hinterlassen einen negativen Beigeschmack und rufen Bilder eines Menschen hervor, der mit seinen Ellenbogen rücksichtslos und egoistisch durch die Welt geht. Keine Frage, es gibt Egozentriker, Egoisten, narzisstische Wesenszüge oder, wenn auch selten, die tiefgreifende Persönlichkeitsstörung Narzissmus. Es gibt aber auch einen **gesunden und selbstfürsorgenden Egoismus**, der eher dazu führt, dass ein Mensch mehr innere Gelassenheit im Umgang mit Konflikten in sich entwickelt.

Liegt der Fokus zu stark im Außen, das heißt, auf anderen Menschen und Situationen, und zu wenig bei einem selbst, solltest du genauer hinschauen. *Denn wenn wir stets im Außen das Glück und die Zufriedenheit suchen, bedeutet es, dass wir im Inneren noch nicht fündig geworden sind.* Und mehr noch, wir stellen uns selbst und an andere Bedingungen: Unser Zufriedenheitsempfinden hängt davon ab, wie uns andere behandeln und welche Situationen sie uns zur Verfügung stellen. So kann es im Extremfall sein, dass wir uns ungewollt in eine ständige Opferrolle begeben, in der die „Schuld" stets beim anderen liegt. Oder wir fühlen uns zu stark fremdbestimmt und zu wenig selbstwirksam. Beide Punkte sind Stressfallen im Alltag.

Sicher bist du in deinem Leben einmal einer Situation ausgesetzt gewesen, die du trotz besten Willens nicht ändern konntest. Und vielleicht lebst du, wie so viele andere auch, in mehreren Abhängigkeitsverhältnissen, sei es zum Chef, zu den Eltern oder in anderen Konstellationen. Das erhöht den Schwierigkeitsgrad, in seiner inneren Mitte zu bleiben und gut für sich selbst zu sorgen, denn gefühlt besteht in manchen Bereichen eine „Unfreiheit", eigene Entscheidungen zu treffen. Wir erwachsene und mündige Menschen treffen täglich viele, oft auch unbewusste Entscheidungen. Mit welchen Menschen wir uns tiefgehender auseinandersetzen, welchem Beruf wir nachgehen, wie wir uns anziehen, wann wir ins Bett gehen, welchen Hund wir uns kaufen, welche Gassirunden wir nehmen, in welchen Gedankengängen wir uns verlieren usw. Jede Entscheidung bedeutet die Möglichkeit der Einflussnahme auf die Selbstwirksamkeit, Selbstfürsorge, Selbstliebe, Selbstbestimmung und Selbstregulation. Auch wenn wir in bestimmten Abhängigkeitsverhältnissen leben, ist dort immer noch ein Raum für das Selbst. In diesen Momenten füllt sich der abgedroschene Satz am Anfang des Kapitels mit Leben, eine gewünschte Veränderung beginnt tatsächlich in dir!

Eine hilfreiche ICH-Botschaft

Ich selbst entscheide darüber, was ich mit mir machen lasse und was nicht. Vielleicht habe ich es verlernt, auf meine Bedürfnisse zu hören oder sie durchzusetzen. Vielleicht zweifle ich zu stark und glaube zu wenig an mich. Oder ich bin abhängig von der Rückmeldung von außen, ob mein Verhalten, mein Aussehen und meine Art so passen. Doch ich kann es wieder erlernen, mich besser um mich selbst zu kümmern.

Aus diesem Grund geht es auf den nächsten Seiten um dich. Ein Blick in den Spiegel zu werfen, ist nicht immer leicht, das ist mir selbst an einigen Stellen beim Schreiben des Buches passiert. Als Autorin sitze ich meistens über Tage, zuletzt sogar über Wochen, in einem stillen Zimmer und lausche meinen Gedanken, um etwas zu Papier zu bringen. So schaue ich gerade bei dem Thema „Umgang mit Stress", sinnbildlich ungeschminkt, der Wahrheit direkt ins Gesicht. Ich durfte wieder einmal lernen, mich liebevoll mit allen Narben, Falten und Ungleichmäßigkeiten zu betrachten. Wahrnehmen, Annehmen, Reflektieren und den Blick wieder mit einer Prise Optimismus nach vorne richten, ein wunderbarer Prozess, der von vielen Emotionen begleitet werden kann. Je mehr du mit dir selbst im Reinen bist, desto weniger können äußere Umstände dir etwas anhaben. Ob es dein Hund oder andere Menschen sind, die dich herausfordern, aus deiner inneren Mitte triffst du die besten Entscheidungen.

HINWEIS
Menschen mit traumatischen Erfahrungen fällt es eventuell schwerer, eigene und passende Entscheidungen für sich zu treffen. Die Selbstwirksamkeit und die emotionale Regulation können Störungen aufweisen. Aus diesem Grund kann der Weg etwas länger oder schwerer sein und braucht bei Bedarf professionelle und psychologische Unterstützung.

ALLER ANFANG: DIE SELBSTWAHRNEHMUNG

Wenn du nach innen hörst, um deine Gefühle wahrzunehmen, ist es für dich wichtig, wie deine Bewertung ausschaut. Vielleicht ist dir schon einmal ein Hund oder Mensch entgegengekommen, bei dem du ein schlechtes Gefühl hattest und folgende Gedanken aufkamen: *„Oh nein, der schon wieder. Ich merke, wie meine Atmung schneller wird und ich anspanne. Warum passiert das schon wieder? Ich würde jetzt so gerne gelassen und souverän vorbeigehen. Das nervt mich!“* Zuerst einmal: Es ist wunderbar, wenn du dich spüren kannst und so früh merkst, was in dir geschieht. Einige Menschen haben verlernt, ihre Gefühle und Bedürfnisse wahrzunehmen, weil sie in einem Lebensabschnitt nicht oder kaum in ihren Empfindungen ernstgenommen wurden (Zum Glück kann ein Mensch das wieder lernen!). So werden sie in stressigen Situationen eher von einer Gefühlslawine überrascht, als bereits die ersten Erschütterungen wahrzunehmen und in diesem Moment noch handlungsfähig zu sein. Eine Lawine aufzuhalten ist nur sehr schwer möglich.

Obwohl die genannten Gedanken so passend gespürt werden,

findet sich dort eine stressverschärfende Stolperfalle. Lese gerne die Sätze noch einmal, vielleicht entdeckst du sie. Es findet dort eine Bewertung statt: *„Oh nein, schon wieder passiert das, es nervt mich!"*. Damit steigen Emotionen auf, beispielsweise Ärger, weil es passiert, obwohl man es doch nicht mehr so wollte. Da unser Gehirn dazu neigt, unterbewusst negative Gedanken in einen Sog zu verwandeln und wir uns anschließend auch noch über die Verärgerung ärgern, ist es wichtig, für diese Situationen ein Bewusstsein zu schaffen. Das bedeutet: **Wahrnehmen, ohne zu bewerten**. Probiere es einmal ganz kurz für dich aus, wenn es passt. Horche einmal in deinen Körper hinein und nimm wahr, ohne eine Bewertung zu treffen. Fange bei deinen Zehen an und arbeite dich langsam hoch. Was fühlst du an den unterschiedlichen Körperstellen? Wie fühlt sich dein Bauch an, wie dein Nacken und kribbelt deine Kopfhaut vielleicht? Schaffst du es, ohne die Zustände in gut oder schlecht einzuteilen oder Begründungen dafür zu suchen?

Da jede Veränderung mit der Selbstwahrnehmung startet, ist es eine gute Übung, täglich mehrmals kurz in uns hineinzuhören. So bekommst du ein immer besseres Gefühl für dich. Nachfolgend hilft dann die Selbstreflexion, um bewusst Zustände zu verändern. Es bedeutet ein kognitives Auseinandersetzen mit den Geschehnissen. Bestenfalls werden dabei alle Blickwinkel und Perspektiven eingenommen, sodass du etwas rationaler die passenden Entscheidungen treffen kannst, als dich von der Lawine mitreißen zu lassen. Zusammenfassend in Kurzform lautet die Überschrift: Impulsivität vs. Gelassenheit.

Letztens wurde in einem Coaching die Frage gestellt, ob das heißt, negative Befindlichkeiten zu ignorieren? Falls du sie dir auch stellst, kann ich dir sagen, auf keinen Fall, denn das wäre auf lange Sicht sogar schädlich! Es geht viel eher darum, eine Stressspirale zu durchbrechen, indem der Fokus anders gesetzt wird, also keinen „Ärger über den Ärger". Mit der bewertungsfreien Wahrnehmung soll zuerst ein Raum der Akzeptanz und Annahme im Inneren geschaffen werden, damit es passend in die Veränderung gehen kann. Nach dem Motto: **„Ich spüre es, ich sehe es, ich nehme es an."** In vielen Studien, Onlinebefragungen und Laboruntersuchungen ist diese Vorgehensweise gut erforscht worden (u. a. Iris B. Mauss, 2017). Das Ergebnis war dabei sehr eindeutig: **Die Annahme entzieht den negativen Emotionen die Aufmerksamkeit und verringert damit die Wichtigkeit.**

In der nachfolgenden Selbstreflexion kannst du einen intensiven Blick auf die Befindlichkeit werfen mit der Frage dahinter, ob es sich vielleicht sogar um wiederkehrende Muster in deinen Gedanken handelt. Das heißt, dass du immer wieder in Begegnungen mit den gleichen Gedanken und Gefühlen zu kämpfen hast. Entdeckst du das Muster, kannst du sehr gut Lösungs- und Handlungsideen ausarbeiten.

Ein Beispiel, wenn du schon etwas fortgeschritten in deinem eigenen Stressmanagement bist: „Ich merke, ich bin gestresst und habe Kopfschmerzen. Es sind wieder diese Spannungskopfschmerzen im vorderen Bereich des Kopfes. Schmerzstufe 5 von 10." Statt sich jetzt darüber zu ärgern, sich schon wieder mit diesem Problem rumschlagen zu müssen, könnte es jetzt wie folgt weitergehen: „Wo habe ich ein gutes Gefühl in meinem Körper?" Ich forsche kurz nach: „Bauch, Herz, Hände, Kopf? Was braucht mein Körper jetzt, was könnte mir helfen und liegt im Rahmen meiner Möglichkeiten? Schlaf, Ruhe, ruhige Musik, ein Spaziergang oder die Hand auf das Herz legen und die tiefe Bauchatmung versuchen?" oder um es auf die Situation mit deinem Hund und der Begegnung umzumünzen: „Was brauche ich jetzt? Was braucht mein Hund jetzt? Ich fokussiere mich auf den Baum im Hintergrund, statt den entgegenkommenden Menschen zu fixieren, richte mich auf und atme zwei bis drei Mal tief ein und aus, wie ich es schon zu Hause oft geübt habe. Mein Hund braucht jetzt meine Anleitung und Vorgabe!" Natürlich ist es nur ein möglicher

Vorschlag, du kannst alles passend zu deinen Bedürfnissen abwandeln. Dafür empfehle ich dir **in guten Momenten** in deiner Wohlfühl- und Komfortzone eine **„Helferlein-Liste“** anzulegen. Lege sie neben deinem Bett bereit und schreibe jeden Abend kurz auf, was dir am heutigen Tag gutgetan hat. So kann sich die Liste langsam füllen und in Momenten, in denen es dir nicht gut geht, ziehst du sie zu Rate. Vielleicht steht für diese Situation etwas Passendes drauf. Der Nebeneffekt dieser Vorgehensweise ist ebenfalls ein Ausbau des Fokus auf die positiven Seiten des Lebens. So wird sich mit der regelmäßigen Übung auch ein langfristiger Effekt einstellen, da die Nervenbahnen im Gehirn immer schneller mit passenden Prozessen reagieren.

Vor allem hilft dir dieses Vorgehen bei Akutsituationen, die sich gerade nicht verändern lassen, das nennen wir im Stresscoaching **ein kurzfristiges Stressmanagement**. Mittelfristig hilft die Helferlein-Liste. Doch wenn du langfristig etwas verändern möchtest, wirst du in deine Prozesse tiefer einsteigen und deine Bedürfnisse genau durchleuchten müssen. Denn so wie es uns wütend machen kann, wenn wir unsere Werte in Gefahr sehen, so kann es uns stressen, wenn wir immer wieder unsere Bedürfnisse übergehen. Unser Körper reagiert mit Kopfschmerzen, Verspannung und vielen weiteren Symptomen darauf. Höre auf die Signale deines Körpers, nimm sie wahr und sorge für dich!

EXKURS: ENTWICKLUNGSPSYCHOLOGIE IM FOKUS

Wenn es einem Menschen sehr schwer fällt, sich wahrzunehmen, seine Bedürfnisse auszudrücken und dadurch immer wieder Stress oder Schwierigkeiten mit dem alltäglichen Leben hat, kann es in seiner Entwicklung Störungen gegeben haben. Streng genommen sind ADHS und Autismus auch neurologische Entwicklungsstörungen (auch wenn ich persönlich das Wort „Störung“ kontraproduktiv für einen passenden Umgang damit finde). In der Zeitspanne vom Kind zum Erwachsenen wird der gesamte Weg des Umgangs mit den eigenen inneren Zuständen gefestigt. Die Entwicklungspsychologie definiert verschiedene Phasen, in denen es zu Verknüpfungen kommt: die frühe Kindheit, Kindheit, Jugend und der erwachsene Mensch. Entwicklungsprozesse finden ein Leben lang statt, doch die Kindheits- und Jugendphasen sind besonders prägend, da sich das Gehirn in der Zeit sehr schnell und aktiv verändert und neue Verbindungen entstehen.

Das Wissen, jederzeit Verhaltensweisen verändern und Fähigkeiten sowie Kompetenzen erweitern zu können, auch wenn die Entwicklung nicht optimal gelaufen ist, schenkt Mut und Kraft.

Allerdings ist es etwas langwieriger, festgefahrene Muster oder jahrelange Verknüpfungen zu lösen. Ein Mensch, wie auch der Hund, ist immer ein Ergebnis aus 100 % Genetik (Vererbung) und 100 % Entwicklung (Umweltbedingungen). Vererbte Faktoren brauchen ihre „Ansprache“ durch die Umweltbedingungen, um zu wachsen oder zu stagnieren. Hier sind wir erneut bei der Neuroplastizität des Gehirns und dem Motto: „Entweder du brauchst es und wir bauen es aus oder du brauchst es nicht, dann kann es weg!“ (Use it or loose it).

Es gibt fünf Teile der Entwicklung, sie alle beeinflussen die Persönlichkeit eines Lebewesens:

- Kognitive Entwicklung
  Hier reifen die Fähigkeiten heran, andere Menschen, Situationen oder Gegenstände so wie sich selbst wahrzunehmen und einen Umgang mit ihnen zu finden, beispielsweise durch die Sprache, abgestimmte Handlung und Problemerkennung und -lösung.

- Emotionale Entwicklung
  Es bauen sich die Kompetenzen aus, eigene Gefühle wahrzunehmen, sie auszudrücken und sie zu regulieren, sowie die Gefühlslage anderer Menschen zu erkennen. In dem ersten Lebensjahr ist dabei die Bezugsperson entscheidend, die passend auf das Baby eingeht und es co-reguliert (beispielsweise, wenn es weint in den Arm zu nehmen, um es zu beruhigen). Die Bindung hat einen großen Einfluss auf diesen Entwicklungsteil. Im sicheren Rahmen lernt ein junger Mensch sich mit den Gefühlsdimensionen Interesse, Freude, Überraschung, Not, Angst, Wut, Scham und Ekel passend auseinanderzusetzen. So kann als Kind beispielsweise eine Not verspürt werden, sie aber durch die Eltern aufgelöst und der kleine Mensch somit aufgefangen werden. Oder das Kind lernt mit der Zeit (altersentsprechend) immer mehr eigene Strategien, um mit emotionalen Zuständen umzugehen (emotionale Selbstregulation). In der Phase lernt es bereits von der Umgebung, wie Emotionen zu bewerten sind. Darf Ärger nie gezeigt werden, wird diese Empfindung unterdrückt, statt sich damit auseinanderzusetzen. Wird Traurigkeit ständig mit einem „Stell dich nicht so an" kommentiert, lernt ein Kind auch hier keinen Umgang der Regulation. Es sind auch im späteren Leben nie die Emotionen, die den Stress verursachen, es ist unsere (gelernte) Einstellung dazu.
- Soziale Entwicklung
  Es entwickeln sich die Fähigkeiten, eine Beziehung zu anderen Menschen herzustellen. Auch die Bindungsfähigkeit fällt unter diesen Punkt. Ein Muster, welches sich ein Leben lang auf den Kontakt mit anderen Menschen auswirkt. Braucht ein Kleinkind noch die Bezugspersonen, geht es später eher darum, dem Jugendlichen den Raum zur Freiheit und der Identitätsfindung freizugeben. Die beiden Extreme ständige Überfürsorge oder immerwährende fehlende Fürsorge führen zur Störung in diesem Entwicklungsbereich.

- Motorische (körperliche) Entwicklung
  Hier entstehen passende Bewegungsabläufe in der Grob- und Feinmotorik. In meiner Arbeit habe ich Menschen und auch Hunde erlebt, die bestimmte Bewegungsmuster schwer ausführen konnten. Manche (körperlich gesunde) Menschen können nicht rückwärts im Kreis gehen, manche Hunde haben mit einem langsamen Gehen über Hürden große Schwierigkeiten, einen Kontakt zu ihren vier Pfoten einzeln herzustellen. Tatsächlich liegen hier oft Defizite in anderen Entwicklungsbereichen vor. Deswegen ist eine Bewegungs- oder Körpertherapie eine großartige Unterstützung bei vielen Verhaltenstherapien. Körper und Seele gehen **immer** Hand in Hand.
- Sensorische Entwicklung
  In dem Bereich entwickeln sich die Sinne, wie Hören, Sehen, Schmecken, Riechen und Fühlen. Durch das Schärfen der Sinne können Eindrücke besser eingeordnet und verarbeitet werden. Dieser Entwicklungsfaktor beeinflusst andere Bereiche, kann ein Kind beispielsweise über einen längeren Zeitraum schlecht hören (in einem frühen Alter leiden viele Kinder beispielsweise unter häufigen „Paukenergüssen“, die die Hörfähigkeit stark herabsetzen), leidet die sprachliche Entwicklung mit. Oder der umgekehrte Fall: Im Alter verschlechtern sich viele Sinne, dadurch werden wir in der Motorik vorsichtiger, weil wir uns unsicher fühlen. Den Hunden geht es hier übrigens nicht anders.

Deswegen ist es so wertvoll, bei Verhaltensauffälligkeiten motorische, sensorische, kognitive und soziale Übungen zu machen. Das große Feld der Ergotherapie hat hier einen wunderbaren Zweck und Sinn. Denn gerade aufgrund der Neuroplastizität können neue Verbindungen aufgebaut werden. Auch bei Hunden, die nicht sozialisiert wurden oder depriviert aufgewachsen sind, ist es eine sehr gute Möglichkeit, mit diesem Wissen Übungen aufzubauen und ein Ausbau der Synapsen zu erreichen. Die Verhaltenswissenschaftlerin, Forschungsschwerpunkt Hunde, Dorit Feddersen-Petersen, beschrieb in ihrem Buch „Hundepsychologie“, dass eine mangelnde Sozialisierung mit einer Unter- bzw. Überforderung des neuronalen Netzwerkes einhergeht. Und das passt sehr gut, so ist das Lebewesen gleichzeitig überfordert mit dem Alltag, weil es früher unterfordert war. Ich plädiere bei stark verhaltensauffälligen Hunden immer dafür, neben der Arbeit am Verhalten, ebenfalls Übungen für die Motorik und Körperwahrnehmung einfließen zu lassen.

DEINE EIGENE WAHRNEHMUNG UND IHRE ZUVERLÄSSIGKEIT

Alle Menschen besitzen einen Wahrnehmungsfilter, der neurobiologisch Sinn macht. Er lässt uns fokussierter Gefahren wahrnehmen und entsprechend reagieren. Doch kann dieser Fokus auch einseitig werden. Eine liebe Bekannte ist mit Herz und Blut Tierschützerin, sie ist in sämtlichen Gruppen der sozialen Medien, in denen Fälle von Hunden eingestellt werden, die Hilfe und Schutz brauchen. Sie organisiert Spendenaufrufe, sucht Pflegestellen und nimmt auch selbst Hunde in Pflege. Letztens saßen wir zusammen und sprachen darüber, wie wir die Hundewelt wahrnehmen. Sie hatte das Bild der Katastrophe und der misshandelten Hunde auf der ganzen Welt im Kopf, „alle Menschen sind schlecht und es wird immer schlimmer“ war ihre Aussage. Ich hatte das Bild der Hunde im Kopf, denen ich in den letzten Wochen helfen konnte, zusammen mit Menschen, die motiviert waren, mit ihren Hunden zu arbeiten. Meine Bilder seien die Ausnahme, meinte sie, in Wirklichkeit werden überall Hunde gequält und entgegen ihrer Bedürfnisse gehalten. Ihre Bilder im Kopf machen sie zunehmend fertig, sie schläft schlecht und hat stets das Gefühl, nicht genug zu tun um zu helfen. Sie scrollt durch die sozialen Medien, um weitere Fälle aufzudecken und notfalls zu helfen. Ihr Wahrnehmungsfilter lässt nur noch die negativen Themen durch, die positiven haben hingegen kaum noch Platz. Das ist ein typischer Vorgang in unserem neuronalen System, denn das Gehirn vereinfacht gerne und wiederholt gewonnene Sichtweisen mit all ihren Abläufen. Das kostet weniger Mühe und ist energieeffizienter, allerdings entspricht es nicht immer der Wahrheit. Es schafft sich quasi seine eigene Realität.

Die Fachwelt hat dafür einen Namen: confirmation bias (übersetzt: Bestätigungsfehler). Der Psychologe Peter Watson hat dazu bereits in den 60ern geforscht. Er fand heraus, dass Menschen ihre Hypothesen lieber bestätigen als sie zu hinterfragen. Es werden quasi nur noch Informationen durchgelassen, die das eigene Weltbild bestätigen. Das ist nicht nur ein Thema im Tierschutz, sondern ebenfalls im Hunde-

Jeder Mensch besitzt seine eigene Wahrheit.

training. Hier ist viel Platz für Trainingsideologien und -methoden, die vehement vertreten werden. Aktiv wird beispielsweise nach dem „bösen aversiv trainierenden Menschen" oder dem „naiven Wattebauschwerfenden" gesucht, um sich in seiner Denkweise bestätigt zu finden.

Durch diesen Bestätigungsfehler sehen wir überall die „Beweise" und blenden gegensätzlich Lautendes aus. So sieht meine Bekannte nur noch Hunde, denen es schlecht geht. Die Gruppen, in denen sie ist, berichten über nichts anderes. Zeitungsartikel, die von Misshandlungen an Tieren schreiben, nimmt sie eher wahr, als anders lautende Artikel. Es kommt zu einer kognitiven Verzerrung, die zeitgleich für sie stressverschärfend wirkt.

Auch wenn ich hier zwecks einer besseren Darstellung die Extreme aufzeige, sind wir doch alle von dieser Thematik betroffen. So ist unser Gehirn nun einmal gestrickt. Es gibt jedoch einen guten Schutz, der uns aus einer Filterblase holen kann: **die ehrliche Selbstreflexion**. Mit ein paar Fragen kannst du dich auf den Weg dorthin machen:

- Weiß ich es sicher oder glaube ich es?
- Welche anderen Blickwinkel gibt es noch?
- Was kann ich tun, um mich umfassender zu informieren?
- Welche Fakten und handfeste Beweise (Daten und Zahlen) gibt es zu diesem Thema?

Oft werden Studien zitiert, die eine bestimmte Meinung bestätigen sollen, hier lohnt es sich, direkt einen Blick auf die Studie zu werfen. Dabei können sich weitere oder andere Schlüsse ergeben, als die paar Worte, die in einer Überschrift zusammengefasst wurden und immer wieder genannt werden. Ebenfalls ist es interessant, wie die Studie durchgeführt wurde. Eine Online-Befragung kann beispielsweise ein verzerrtes Bild ergeben. Wie viele TeilnehmerInnen hatte die Studie? Je mehr, desto größer die Übertragungsmöglichkeit. Wie war der Versuchsaufbau, gab es Vergleichsgruppen? Von wem wurde die Studie finanziert und wo veröffentlicht? Manchmal ist es etwas ernüchternd, Studien so zu lesen. Ein kritisches Denken macht alles leider nicht einfacher, sondern eher viel komplexer.

Ein dazu passendes Beispiel ist der Satz im Hundetraining „Wir arbeiten nach neusten wissenschaftlichen Erkenntnissen!“ und den Bezug zu der Konditionierung über die vier Quadranten der Lerntheorie (Behaviorismus, intensiv erforscht zwischen 1920–1960). Eine durchaus wichtige Information, die jede Hundetrainerin kennen und verstehen sollte. Doch ist sie im Rahmen der Lerntheorien nicht die einzige! Hinzu kommen neuere Modelle, beispielsweise das soziale Lernen, der Kognitivismus und der Konstruktivismus (s. Abb.). Allesamt ebenfalls umfangreich erforscht, um zu verstehen, wie ein Lebewesen lernt. Am Ende angelangt ist die Forschung dabei immer noch nicht, denn das Gehirn und seine Funktionen sind extrem komplex. So lohnt sich, den Blick offen zu halten, um das individuelle Lebewesen Hund besser zu verstehen.

Je mehr du weißt, desto mehr Lösungen findest du auch im Stress. Desto klarer kannst du die feinen Details erkennen und desto wohlwollender setzt du dich mit deiner Umwelt auseinander. Es gibt nur eine einzige pauschale Antwort, die im Umgang mit Kommunikation, Stresserleben und Verhaltensänderungen immer passt: Es ist komplex! Dabei gilt es im Alltag aufzupassen, denn das Gehirn mag es gerne bequem und nimmt lieber die Abzweigung mit dem leichteren Weg.

Ein paar Ideen, um gedanklich flexibel zu bleiben oder den Horizont zu erweitern:

- Regelmäßig ein paar Seiten eines Buches lesen, das eine andere Sicht als die eigene hat und sich in offener Neugierde üben, ohne abzuwerten.
- Einen Podcast hören, der neue oder befremdliche Ansichten enthält.
- Mit Menschen außerhalb der „Bubble“ sprechen und sich im aktiven Zuhören üben, statt im Vertreten der eigenen Ansichten.

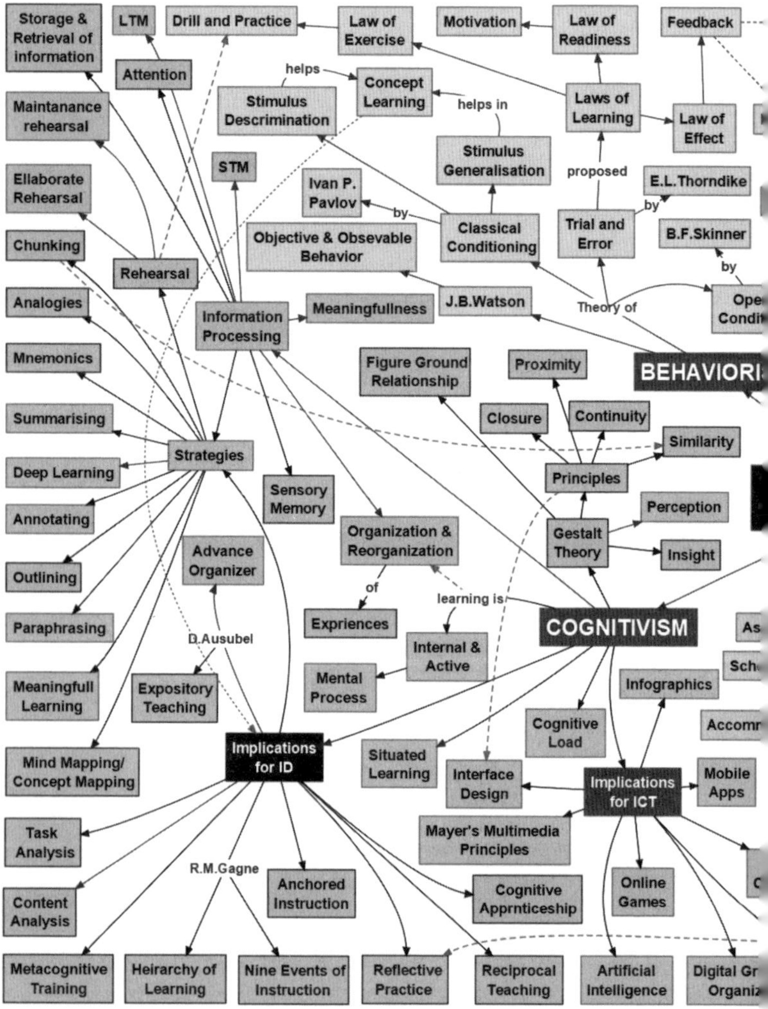

Es gibt viele Lerntheorien, die alle ineinander greifen, um die Komplexität aufzuzeigen. (Quelle: https://de.wikipedia.org/wiki/Datei:Graphics_on_Implications_of_Learning_Theories_for_Instructional_Design.jpg / Paily M U).

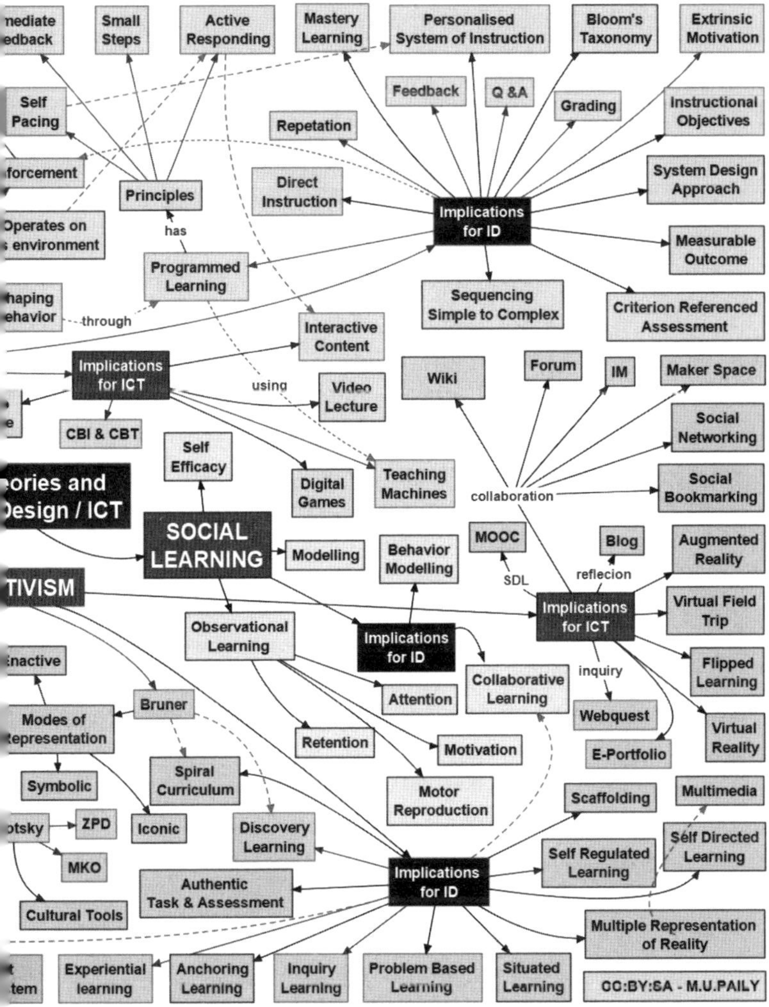

mediate
edback
Small Steps
Active Responding
Mastery Learning
Personalised System of Instruction
Bloom's Taxonomy
Extrinsic Motivation
Self Pacing
Feedback
Q &A
Grading
Instructional Objectives
Repetition
forcement
Principles
Direct Instruction
System Design Approach
Operates on
environment
has
Implications for ID
Measurable Outcome
Programmed Learning
Sequencing Simple to Complex
Criterion Referenced Assessment
haping
ehavior
through
Interactive Content
Implications for ICT
using
Video Lecture
Wiki
Forum
IM
Maker Space
CBI & CBT
Social Networking
Self Efficacy
Digital Games
Teaching Machines
collaboration
Social Bookmarking
ories and
Design / ICT
SOCIAL LEARNING
Modelling
Behavior Modelling
MOOC
Blog
Augmented Reality
TIVISM
SDL
reflecion
Implications for ICT
Virtual Field Trip
Observational Learning
Implications for ID
Enactive
inquiry
Flipped Learning
Collaborative Learning
Attention
Bruner
Webquest
Modes of
Representation
Retention
Motivation
E-Portfolio
Virtual Reality
Symbolic
Spiral Curriculum
Motor Reproduction
Scaffolding
Multimedia
otsky
ZPD
Iconic
Discovery Learning
Self Regulated Learning
Self Directed Learning
MKO
Authentic Task & Assessment
Implications for ID
Cultural Tools
Multiple Representation of Reality
tem
Experiential learning
Anchoring Learning
Inquiry Learning
Problem Based Learning
Situated Learning
CC:BY:SA - M.U.PAILY

- Seminare besuchen, die eine andere Sicht zulassen und möglichst bewertungsfrei die Informationen aufnehmen, vielleicht ergeben sich neue Ansätze für dich und dein Denken.
- Reisen. Die größte Horizonterweiterung ist das Kennenlernen und Erleben anderer Kulturen, Gebräuche und Sprachen.

Von Meinungen, Ehrlichkeit, Wahrheiten und Fakten

Meinung: ein wertvolles Attribut, das auf der eigenen Erfahrung beruht
Ehrlichkeit: setzt ein gutes Hineinfühlen in die eigenen Gefühle und Bedürfnisse voraus; eine ehrliche Meinung zeigt ohne Filter und ohne Masken die Empfindungen eines Menschen
Wahrheit (persönlich): hat Facetten. Jeder Mensch besitzt seine eigene Wahrheit. Ob ich als Gegenüber dort mitgehe oder aus einem anderen Blickwinkel handle, ob ich toleriere und akzeptiere oder es gegen meine Werte und meiner Moralvorstellung stößt, entscheide ich eigenverantwortlich.
Fakten: sind unumstößliche absolute Wahrheiten (2 + 2 = 4), die Interpretation von Fakten sind Theorien oder Hypothesen (beispielsweise die Evolutionstheorie)

EINE FRAGE DEINES BETRACHTUNGSWINKELS

Wir betrachten neue Situationen fast immer aus einem bestimmten Blickwinkel heraus, den wir uns seit Jahren antrainiert haben. In meiner Hundeschule zeigt sich häufig, mit welchem Blick der Mensch an die Aufgaben geht und wie er seinen Hund dabei einschätzt.

„Die Übung wird ein Problem, mein Hund hat doch immer so eine Angst, etwas Neues auszuprobieren. Es wird bestimmt nicht klappen!" sind Sätze, die wir gelegentlich hören. Wenn es mit dieser Einstellung in die Übung geht und der Hund dann tatsächlich etwas mehr Mühe hat, als ein mutiger und selbstsicherer Hund, gibt der Mensch wesentlich schneller auf. Denn ausgesprochene Gedanken und innere Einstellungen wirken nach. Schade, denn der Hund hätte die Aufgabe vielleicht bewältigen können und wäre mit stolz geschwellter Brust und mit viel Lob an der Übung gewachsen. Manchmal ist der Satz auch ein Schutz, denn in einer Gruppe zu trainieren bedeutet, dass alle Augen auf einen gerichtet sind. So neigen Menschen mit bestimmten Glaubenssätzen und Verhaltensmerkmalen dazu, sich selbst kleinzumachen. Falls es dann doch klappt, freut man sich, aber wenn nicht, hat man es doch gleich gewusst und nichts anderes erwartet. Optimismus braucht innere Stärke und Stabilität und ist nicht immer einfach.

Als Hundetrainerin, Verhaltensberaterin oder Coach geben wir natürlich nicht so schnell auf und arbeiten mit dem Menschen an seinen Gedankengängen (engl. Mindset). Wir zeigen einen anderen Blickwinkel auf, die Übung zu betrachten. Zum Beispiel kann der Mensch seinen Satz noch einmal wiederholen, doch statt des Worts „Problem", wird er jetzt den Begriff „Herausforderung" nehmen. Auch der Satz nach dem Komma wird neu formuliert und eine positive Botschaft erhalten.

„Die Übung wird eine Herausforderung, mein Hund darf sich jetzt offen für die neue Situation zeigen. Wir werden es ausprobieren! Vielleicht klappt es jetzt **noch** nicht, doch wir werden dranbleiben."

Es geht dabei nicht um eine „Tschaka"-Mentalität, nach dem Motto „Wir schaffen das auf jeden Fall!!". Denn wenn es nicht klappt, stellen sich enttäuschte Gefühle ein. Es geht viel eher darum, **einen realistisch-optimistischen Blickwinkel einzunehmen, der auch Raum für Fehler und Schwächen lässt und trotzdem Mut macht.**

Kennst du ähnliche Gedankengänge, wenn du und dein Hund vor herausfordernden Situationen stehen? Versuche einmal, deinen Satz im Kopf umzuformulieren. Nach dem Erlebnis kannst du dir folgende Fragen stellen:

Welche Erkenntnisse gewinne ich aus der Übung oder Situation? Woran kann ich mit meinem Hund noch arbeiten? Wie würde ich wohl die Situation in vielen Jahren rückblickend bewerten? So ist der Weg frei für eine entspanntere Sicht. Mit vielen Wiederholungen baut sich diese Denkweise weiter im Gehirn aus, sie automatisiert sich und sorgt damit immer mehr für eine innere Gelassenheit.

Auch in der Kommunikation mit Menschen sorgt eine Blickwinkelveränderung für Entspannung. Dazu aber mehr im Kapitel „Du, dein Hund und die anderen".

HÖRSPIELE IN DEINEM KOPF

Es gibt viele Begriffe im Coaching wie in der Psychologie über das, was einen Menschen so antreibt und umtreibt. Die Stressforschung versucht zu verstehen, warum wir immer wieder ähnliche Verhaltensmuster zeigen, obwohl sie uns nicht guttun oder unseren Stresspegel ungünstig erhöhen. Warum fällt es Lilly so schwer, einfach nicht auf die Blicke der anderen Menschen zu reagieren? Wieso misst sie anderen Meinungen eine höhere Bedeutung zu als ihrer Auffassung? Und weshalb nimmt sie an, dass andere sie verurteilen, ohne es genau zu wissen?

Hier sind Glaubenssätze am Werk, die so tief verankert sind, dass Lilly sie nicht einfach so abschütteln kann. Das bedeutet, sie glaubt an diese Sätze und prüft nicht deren Echtheit, es ist ihre persönliche Wahrheit.

Falls deine inneren Stimmen dein Stresserleben belasten, lohnt es sich auf jeden Fall, ganz genau hinzuschauen. Eine Veränderung alter Muster ist sehr mühselig, doch ganz bestimmte Schritte helfen dir dabei:

1. Verstehen und Annehmen, damit du offen für die nächsten Schritte bist.
2. Achtsamkeit und Selbstwahrnehmung, um frühzeitig zu merken, wann deine Sätze im Kopf wirken wollen.
3. Veränderung, mit einem neuen Konzept geht es ins Umdenken.
4. Wiederholen und Dranbleiben, um eine neue Gewohnheit zu formen.

Eigentlich wäre alles so einfach, wenn da nicht die alte Gewohnheit ist, die von unserem Gehirn machtvoll gesteuert wird, weil es schnelle Veränderungen nicht mag. Das heißt, wir nehmen es mit unserem Denkorgan auf, der Schalt- und Verwaltungsstelle all unserer Prozesse im Körper und versuchen unbewusste Abläufe bewusst zu machen. Puh …

Fangen wir also mit einem Gedankenspiel an: *Was sind deine Denkmuster, die den Stress verschärfen oder vielleicht sogar das Gegenteil bewirken und zur Entspannung beitragen?*

Vorweg: Jede Stimme in dir, ob Motivation oder Bedenken, darf ihren Platz haben. Mahnt dich etwas zur Vorsicht, ist es vielleicht gut, noch einmal darüber nachzudenken, erfasst dich eine innere Unruhe, ist es vielleicht gut, aktiv zu werden. *Das „Bauchgefühl" ist manchmal ein Gefühl aus Erfahrung heraus, das Sinn macht.* Deswegen lohnt es sich, die Ohren zu spitzen und feiner für die eigenen Antennen zu werden.

Kleines Coaching „Das Gedankenspiel"

Schreibe eine Situation in fünf Sätzen auf, die dich letztens belastet hat. Achte darauf, dass du nur die Situation beschreibst, nicht deine Gefühle oder Gedanken dazu. Zum Beispiel: Mein Hund ist an der Leine bei einer Postbotin ausgerastet, die plötzlich um die Ecke kam. Oder: Alle Hunde in der Hundeschule waren so ruhig, nur meiner nicht, der hat die ganze Zeit gefiept, gejault und sich unruhig gezeigt.

- **Jetzt beantworte für dich zwei Fragen:**
  Was kannst du denken, damit du die Situation als sehr stressig erlebst?
  Was wären deine Gedanken, die dich weniger oder gar keinen Stress in dieser Situation empfinden lassen?
  Betrachten wir die zwei genannten Beispiele einmal genauer.
  → „Mein Hund ist an der Leine bei einer Postbotin ausgerastet, die plötzlich um die Ecke kam."
  → „Alle Hunde in der Hundeschule waren ruhig, nur meiner nicht."
- So entsteht mehr Stress:
  „Das hat er ja noch nie gemacht! Ganz ohne Vorzeichen rastet er einfach aus! Das darf einfach nicht sein!"

Auch wenn dieser Satz in der Hundewelt mittlerweile schon fast ein geflügeltes Sprichwort ist, kann er trotzdem den Stress verschärfen. Zum Beispiel, wenn der Mensch eine andere Vorstellung von dem Verhalten seines Hundes hatte oder er ihn als grundsätzlich nett und freundlich sehen möchte, da kann die Realität umso mehr erschrecken. Denn wenn ich es anders wahrgenommen und dabei gewisse Vorzeichen übersehen habe, ist das Geschehene für mich eine größere Stressbelastung, weil ich nicht damit gerechnet oder es verdrängt habe.

- So entsteht weniger Stress:
  „Oh, das war mir neu. Das werde ich für den Moment so akzeptieren und zu Hause einmal reflektieren."

Die Realität erst einmal so anzunehmen, wie sie geschehen ist, macht den Weg frei für ein sachliches Auseinandersetzen mit der Situation. Vor allem in Ruhe und mit mehr Abstand, denn so sinnvoll Emotionen auch sind, sie verhindern manchmal die klare Sicht auf eine Situation.

- So entsteht mehr Stress:
  „Wir sind so negativ aufgefallen, bestimmt denken alle, dass ich meinen Hund nicht gut führen kann! Das werde ich wohl nie schaffen!"

Das Thema kennen bestimmt viele: das Gefühl, dass andere schlecht über einen denken. Auch Lilly denkt in dieser Kategorie. So entstehen Scham, Frust oder Wut, die sich manchmal gegen andere richtet, doch recht häufig gegen sich selbst. Dabei legen wir anderen Menschen Worte oder Gedanken in den Kopf, die sie vielleicht gar nicht hatten. Wir machen uns damit kleiner, befeuern unsere Unsicherheit und geben anderen Menschen einen viel zu großen Einfluss auf unsere Gefühlswelt.

- So entsteht weniger Stress:
  „Wir haben schon so vieles geschafft! Ein Aushalten in einer großen Gruppe von Hunden ist wirklich anstrengend, das verstehe ich gut, dass mein Hund aufgeregt ist. Wir werden es einfach mehr im Alltag üben, dann klappt es sicher bald besser!"

Häufig neigen wir eher dazu, in ein Defizit-Denken zu gehen, wenn etwas nicht klappt, als sich darauf zu besinnen, was eigentlich schon alles gut läuft. Eventuell schwingt hier auch ein kulturelles Denken mit: In vielen Statistiken bilden wir Deutsche ein Schlusslicht bei den Themen „Positive Mentalität oder Optimismus". Eine positive Einstellung hat nichts mit Augenwischerei zu tun, sondern hält den Blick offen für die Möglichkeiten! Vielen Hindernissen im Leben würde die Stirn geboten, wenn wir mit einem realistisch-optimistischen Blick hinschauen, nebenbei senkt sich damit der Stresslevel deutlich. Natürlich darf auch eine Selbstkritik stattfinden: Die Erkenntnis, dass bisher noch nicht ausreichend im Alltag geübt wurde oder den Fokus nicht darauf gelegt zu haben. Doch sollte Kritik nie dazu führen, seine Stärken und Erfolge auszublenden, sondern konstruktiv weiter daran zu arbeiten.

- So entsteht mehr Stress:
  „Das macht er/sie (der Hund, Postbotin, Hundetrainerin) doch mit Absicht, um mich zu ärgern!"

Die meisten Streitigkeiten unter Menschen entstehen dadurch, dass wir Geschehnisse persönlich nehmen und uns dadurch ungerecht behandelt und missverstanden fühlen. Auch erlebe ich nicht selten, dass dem Hund unterstellt wird, er würde etwas machen, um einen zu ärgern oder vorzuführen. Beispielsweise beim Rückruf, wenn er nicht direkt kommt, sondern erst einmal um den Menschen tänzelt und wieder wegrennt. Es kann durchaus in manchen Fällen ein Konfliktverhalten sein, in vielen Fällen ist es ein Missverständnis in der Kommunikation und in bisher keinem einzigen Fall habe ich ein „Ärgern des Menschen" erlebt. Mit dieser Haltung würden wir wesentlich emotional aufgebrachter in die nachfolgende Kommunikation einsteigen und damit ein passendes „Gespräch" verhindern.

- So entsteht weniger Stress:
  „Ich verstehe, warum der/die (Hund, Postbotin, Trainerin) das macht. Es hat nichts mit mir direkt zu tun."

Eine große Erleichterung passiert oft, wenn wir einen Perspektivwechsel vornehmen. Aus der Warte des Hundes oder des anderen Menschen ist ein Verhalten, das wir persönlich nehmen, meistens gut erklärbar. Die Trainerin handelte in guter Absicht, um zu helfen, die Postbotin hatte heute einen stressigen Tag und Rückenschmerzen und dein Hund hat dich einfach nicht richtig verstanden. Sicherlich gibt es auch Menschen, die einem selbst nichts Gutes wollen, doch es sind weitaus weniger als oft angenommen und die meisten haben ihre ganz eigenen Kämpfe mit sich auszufechten. Vielleicht wirst du am Ende des Buches einen Blick hinter den Vorhang des Verhaltens anderer Menschen geworfen haben, ab diesem Zeitpunkt wirst du viel eher verstehen, dass die meisten Reaktionen eines Menschen eher etwas mit ihm selbst zu tun haben, statt mit dir.

Vielleicht erwischst du dich demnächst bei einem Hörspiel in deinem Kopf und kannst in die verschiedenen Rollen schlüpfen: Mit welchen Gedanken entsteht mehr Stress und mit welchem weniger? Je mehr du übst, desto schneller wirst du andere Betrachtungswinkel einnehmen können.

DEINE BEWEGGRÜNDE VERSTEHEN: INNERE ANTREIBER

Mit diesem Ansatz des Psychologen Taibi Kahler kannst du noch tiefer in deine Denk- und Handlungsmuster einsteigen. Die antreibenden Gedanken können uns zu Höchstleistung bringen oder darüber hinaus in den Burn-out treiben. Hier spricht die Fachwelt auch von Glaubenssätzen, sogenannten MUSS-Sätzen, die mit dem Wort bereits beschreiben, dass sie uns wie ein innerer Zwang vorkommen. „Ich muss stets perfekt sein" ist so ein typischer Vertreter, der einen Menschen antreibt. Diese Denkweisen haben sich in unserer Entwicklung zum Erwachsenwerden manifestiert, und da es sich das Gehirn gerne einfach macht, sind sie zur Gewohnheit geworden. Damit du dir das besser vorstellen kannst, kommt hier ein kleines (Extrem-)Beispiel. Jedes Kind wünscht sich Anerkennung, möchte gesehen und geliebt werden. Wenn es dieses Bedürfnis aber nur erhält, wenn es gute Zensuren schreibt, immer brav das Zimmer aufräumt und keine Widerworte hat, lernt es früh, dass die inneren Antreiber „Sei perfekt" und „Mach es allen recht" zu der Bedürfniserfüllung führen. Diese Muster können sich im Laufe der Zeit noch festigen und weiter fortgeführt werden. Als Erwachsene gibt sie auf der Arbeit 120 % und geht ständig über die eigenen Grenzen hinaus, weil sie nicht deutlich „Nein" sagen kann, denn sie MUSS perfekt sein und es allen recht machen. Ein unordentlicher Haushalt führt sofort dazu, sich schlecht oder minderwertig zu fühlen. Der scheinbar noch nicht erzogene Hund, der mit fünf Monaten immer noch an der Leine zieht, sorgt für Schuldgefühle und Wut. Es kann sogar generationsübergreifend sein, denn für den Menschen, der es so erlebt hat, ist es eine völlig normale Denkweise, die auch an die Kinder weitergegeben wird.

Diese Muster werden meistens nicht hinterfragt, selbst wenn dem Erwachsenen immer mehr körperliche und psychische Symptome begegnen. Das nächtliche Zähneknirschen, die ständigen Verspannungen, diese Erschöpfungsgefühle, schlechter Schlaf, innere Unruhe u. v. m. Wie kann man etwas hinterfragen, das man ein Leben lang schon so denkt und für normal hält? Das ist nicht einfach. Doch hier steigen wieder unsere Hunde mit ein, denn sie zeigen uns diese Stressverstärker immer wieder auf und tippen mit der salzigen Pfote unbewusst, aber direkt in die Wunde.

Es kann sein, dass du eine Mischung der Antreiber in dir entdeckst oder manche nur sehr schwach vorhanden sind, dafür andere umso stärker. Das sind die fünf inneren Antreiber:

Sei perfekt!

„Es, mein Hund, meine Arbeit, ich … muss perfekt sein, erst damit kann ich mich zufriedengeben"

Die positiven Eigenschaften des Antreibers:

- er schenkt dir mehr Leistungsbereitschaft und Ehrgeiz, du gibst nicht so schnell auf;
- er sorgt für einen guten Blick auf Feinheiten und Details;
- er trägt dazu bei, dass du verantwortungsvoll und gewissenhaft handelst.

Die negativen Eigenschaften des Antreibers:

- er sorgt dafür, dass dich Fehler stark treffen und aus Sorge darum prüfst du alles sehr oft;
- er gibt dir das Gefühl, nie genug zu tun und den hohen Ansprüchen nicht gerecht zu werden;

- er trägt dazu bei, dass du zu wenig Selbstfürsorge betreibst und oft unzufrieden mit dir oder anderen bist.

Förderliche Gedanken, wenn du merkst, dass der Antreiber „übertreibt“:

- Fehler sind normal. Ich und andere dürfen sie machen, ich kann dann aus ihnen lernen.
- 80 % reichen manchmal auch aus, ich habe einen Mut zur Lücke.
- Ich kann nur etwas leisten, wenn ich auf mich achte. Ich bin gut genug.

Sei stark!

„Ich schaffe das allein, ich brauche keinen, der mir hilft!“

Die positiven Eigenschaften des Antreibers:

- er schenkt dir Stärke und Durchsetzungsvermögen;
- er sorgt für Unabhängigkeit und Selbstbestimmung;
- er trägt dazu bei, dass du eigene Entscheidungen für dich und andere treffen kannst.

Die negativen Eigenschaften des Antreibers:

- er sorgt dafür, dass du Hilfe schlecht annehmen kannst;
- er gibt dir das Gefühl, oft allein mit allem dazustehen;
- er trägt dazu bei, dass du deine Gefühle wegschiebst.

Förderliche Gedanken, wenn du merkst, dass der Antreiber „übertreibt“:

- Ich darf etwas nicht können und meine Schwächen haben.
- Wenn mir etwas zu viel wird, darf ich es zeigen und um Unterstützung bitten.
- Ich darf mich anlehnen und meine Gefühle zulassen.

Mach es allen recht!

„Ich bin nicht so wichtig, Hauptsache, allen anderen (Hund, Kolleginnen, Partnerin, Kind) geht es gut, dann geht es auch mir gut!“

Die positiven Eigenschaften des Antreibers:

- er schenkt dir Harmonie in deinem Umfeld;
- er sorgt dafür, ein gern gesehener Gast und beliebt zu sein;
- er trägt dazu bei, dass du gut in einem Team arbeiten kannst.

Die negativen Eigenschaften des Antreibers:

- er sorgt dafür, dass dich Kritik sehr stark trifft;
- er gibt dir das Gefühl, deine eigenen Bedürfnisse zu vernachlässigen;
- er trägt dazu bei, dass du schlecht Nein sagen und Grenzen setzen kannst.

Förderliche Gedanken, wenn du merkst, dass der Antreiber „übertreibt“:

- Ich sorge erst für mich und habe dann genug Kraft, andere zu unterstützen.
- Wenn mit etwas zu viel wird, darf ich Nein sagen, ohne mich zu rechtfertigen.
- Ich darf (sachlich) kritisieren und kritisiert werden, so kann ich wachsen.

Streng Dich an!

„Augen zu und durch, das schaffe ich auch noch!“

Die positiven Eigenschaften des Antreibers:

- er schenkt dir ein gutes Durchhaltevermögen;
- er sorgt für ein konsequentes Engagement;
- er trägt dazu bei, dass du leistungsbereit Stolpersteine aus dem Weg räumst.

Die negativen Eigenschaften des Antreibers:

- er sorgt dafür, dass du dich im Alltag oft übernimmst;
- er gibt dir das Gefühl, ständig mit allen Aufgaben jonglieren zu müssen;
- er trägt dazu bei, dass du mit einem Bein im Burn-out stehst.

Förderliche Gedanken, wenn du merkst, dass der Antreiber „übertreibt“:

- Ich nehme keine weitere Aufgabe an und plane stattdessen Zeit zum Ausruhen ein.
- Wenn es möglich ist, mache ich es mir einfach.
- Ich achte auf meine Grenzen und lade meinen Akku bereits bei gelb auf, nicht erst bei rot.

Mach schnell!

„Wir haben keine Zeit! Je schneller ich etwas erledige, desto mehr schaffe ich!“

Die positiven Eigenschaften des Antreibers:

- er schenkt dir eine schnelle Auffassungsgabe;
- er sorgt für eine hohe Entscheidungsfreude;
- er trägt dazu bei, dass du viele Aufgaben am Tag schaffst.

Die negativen Eigenschaften des Antreibers:

- er sorgt dafür, dass du zu viele unsortierte Gedanken im Kopf hast;
- er gibt dir das Gefühl, nicht immer bei der Sache zu sein;
- er trägt dazu bei, dass du unruhig oder hektisch bist und manchmal etwas vergisst.

Förderliche Gedanken, wenn du merkst, dass der Antreiber „übertreibt“:

- Weniger ist manchmal mehr.
- Ich gehe achtsam mit mir um, ich darf mir Zeit nehmen und lassen.
- Pausen sind zum Entspannen und Nichts-Tun da, das ist niemals Faulheit.

Ein kleines Coaching:

Versuche in den nächsten Tagen, achtsam und selbstwahrnehmend in dir zu forschen, ob du einen Antreiber bemerkst, der dich gerade aktiviert. Das kann durchaus positiv sein, doch vielleicht stellst du fest, dass er übermächtig wird und du deine Bedürfnisse nach Ruhe oder einer Pause hintanstellst, dann schaue etwas genauer hin. Schreibe deine Antreiber auf, die du in dir festgestellt hast:

____

____

____

____

____

____

Was sind deine förderlichen Gedanken, wenn dein „Antreiber übertreibt“:

____

____

____

____

____

____

GEDANKEN FORMEN DEINE HANDLUNGEN

„Ich will, dass dieses Leinengezerre endlich aufhört!“, „Die anderen Menschen sollen mich mit ihren Ratschlägen in Ruhe lassen!“ oder „Ich würde hier viel besser an dem anderen Hund vorbeikommen, wenn der Mensch seinen Hund nicht immer zu uns hinstarren lassen würde!“ Vielleicht kommen dir die Sätze bekannt vor, weil du sie selbst gesagt hast oder von jemanden gehört hast. Hast du die Gemeinsamkeit der Sätze entdeckt? Sie alle beschreiben, was der Mensch NICHT mehr möchte.

Auf der einen Seite ist es gut zu wissen, wo die Grenzen für den Einzelnen liegen. Denn dieses „das möchte ich nicht mehr"-Gefühl gibt Auskunft darüber, dass wir ein Bedürfnis haben. Doch formen Gedanken unsere Handlungen und eine NICHT-Haltung blockiert eine Handlung. Das nennt man Negativ-Denkmuster, die eher zu einem Erstarren oder einer Resignation führen. Denn mit jedem gedachten Satz formt unser Gehirn ein Bild und wir formen damit unsere Wahrnehmung. Es fällt uns schwerer, Verneinungen zu verarbeiten, vor allem im Stress. Da braucht es klare Aussagen und eine Ausrichtung zur Lösung. In den nächsten Sätzen fordern wir dein Gehirn heraus, eine Handlung bei einem Problem zu finden. Je öfter du das übst, desto mehr wirst du in deiner Lösungskompetenz wachsen.

Nehmen wir die genannten Beispielsätze und machen aus einem NEIN ein JA im Kopf.

Statt NEGATIV-Denkmuster: „Ich will, dass dieses Leinengezerre endlich aufhört!" forderst du das Gehirn und dich eher zu einer Handlung heraus, indem du formulierst: *„Ich merke, wir werden die Leinenführigkeit mehr üben müssen! Wie könnte ich es noch besser gestalten? Was braucht es dazu?"*

Statt NEGATIV-Denkmuster: „Die anderen Menschen sollen mich mit ihren Ratschlägen in Ruhe lassen!" beziehen dein Gehirn und du Stellung, indem du formulierst: *„Ich brauche Ruhe in meiner Umsetzung, ich weiß, woran ich noch arbeiten muss. Wenn ich Unterstützung brauche, frage ich nach!"*

Statt NEGATIV-Denkmuster: „Ich würde hier viel besser an dem anderen Hund vorbeikommen, wenn der Mensch seinen Hund nicht immer zu uns hinstarren lassen würde!" gibst du deinem Gehirn und dir eine klare Ansage, indem du formulierst: *„Ich brauche mehr Platz und werde es dem Menschen jetzt so sagen!"*

Versuche es einmal selbst:
Statt „Ich brauche keine Angst vor dem Spaziergang haben!" ist Folgendes passender für das Gehirn:

____

____

____

____

Statt „Auf keinen Fall darf ich das Leinenziehen zulassen!" ist Folgendes passender für dein Gehirn:

____

____

____

____

Statt „Der Rückruf wird sicher jetzt nicht funktionieren!":

____

____

____

____

Es ist ein neurobiologischer Prozess, auf dem du mit deinem neuen Denken Einfluss nimmst. Natürlich dürfen auch Negativ-Denkmuster sein, doch dir und deiner Handlungsbereitschaft helfen positive Formulierungen viel mehr, sie bringen dich in deinen Gedanken weiter und formen so deine Handlungen. Mit ein wenig Übung wirst du in dem Bereich immer besser, du programmierst dein Gehirn neu.

EXKURS: DEIN GRÜBELKARUSSELL STOPPEN

Ein Thema, das sehr häufig im Stresscoaching angesprochen wird, sind nächtliche Grübeleien. Oft werden sie als sehr belastend empfunden, weil sie den Schlaf rauben und von negativen Emotionen begleitet sind. Eine Frau aus einem der letzten Coachings meinte: „Am nächsten Tag fand ich meine Grübeleien völlig sinnlos und ärgerte mich schon wieder darüber, was für eine verschwendete Zeit das war." Und trotz des Bewusstwerdens folgten in den nächsten Nächten erneut die Grübelattacken. Die Gedanken können dabei um ganz unterschiedliche Themen kreisen, doch eines haben sie alle gemeinsam: **Es wird eine unverarbeitete Belastung gedanklich auseinandergenommen.** Es ist also etwas, was uns stärker beschäftigt und für das wir noch keine Lösung gefunden haben. Grundsätzlich wäre es eine gute Strategie, denn wir müssen uns nun einmal damit auseinandersetzen, wenn wir etwas verändern wollen. Doch es ist, wie so oft, eine Frage der Dosis, die das Gift macht. Zu viele Gedanken und das Gefühl festzustecken, verschlechtern unsere Stimmung und können sogar Auswirkungen auf unser Immunsystem haben. Wir schlafen schlechter, sind angespannt und unruhiger.

Manchmal führt das Nachdenken über ein Thema auch in eine Sackgasse, gerade wenn es um andere Menschen geht, die einen gerade beschäftigen. Das kann wie in Lillys Fall die Spaziergängerin sein, die sagte: „Eine Hundeschule wäre mal eine gute Idee!" In den nachfolgenden Kapiteln wird das Thema noch etwas genauer behandelt, doch passt es auch schon an diese Stelle. Denn wenn wir grübeln, fangen wir an zu interpretieren, dabei kann es sein, dass wir nicht mehr die Distanz haben, um rational und konstruktiv zu bewerten, sondern es werden Gesten und Worte in unseren Gedanken verdreht. Wir sehen ein Augenrollen des Gegenübers, obwohl da vielleicht nur eine Wimper im Auge war, und der gesagte Satz bekommt im Nachhinein eine noch schärfere Tonlage, die zu dem Zeitpunkt des Geschehens nicht vorhanden war. Während der andere Mensch die Situation bereits längst vergessen hat, wirkt sie bei dem grübelnden Menschen noch nach, wird immer schwerer und größer. Statt im Hier und Jetzt zu bleiben, werden Szenarien der Vergangenheit durchgekaut und sich Gedanken um die Zukunft gemacht.

Studien zeigen außerdem, dass uns diese umherschweifenden Gedanken sogar unzufrieden machen. Die Psychologen Killingsworth und Gilbert prüften dieses 2010 mit einer Smartphone-App bei mehreren Tausend Menschen. Zu unterschiedlichen Zeiten meldete sich die App und fragte, ob die Person gerade mit ihren Gedanken voll und ganz bei ihrer derzeitigen Handlung war. Die Hälfte der Fälle schweifte mit den Gedanken immer wieder ab. Zudem wurde ersichtlich, dass sie damit unzufriedener und unglücklicher waren, als die Personen, die sich mit voller Konzentration ihrer Tätigkeit widmeten, selbst wenn sie diese nicht besonders mochten. Woran das liegt? Unser Gehirn aktiviert beim Umherschweifen der Gedanken das Unterbewusstsein (Orbitofrontalkortex) und dieses beschäftigt sich lieber mit negativen Dingen. Da dieser Bereich im Gehirn auch für die Entscheidungsfindung nötig ist, haben vermutlich Bedenken und Sorgen etwas mehr Raum, da sie eher auf Gefahren hinweisen. So neigt der Mensch zum Grübeln und macht es sich selbst schwerer als nötig.

Falls du dir ebenfalls zu viele Gedanken machst, kann ich dir zumindest für die Akutsituationen ein paar Tipps geben. Wenn du für dich feststellst, generell und häufig dazu zu neigen, ist es genauso wichtig, an der Ursache zu arbeiten. Die Bereiche der Selbstwahrnehmung, Selbstsicherheit und der emotionalen Regulation hängen eng damit zusammen, so wie die Inneren Antreiber und stressverschärfende Gedanken!

Coachingtipp

Schnelle Werkzeuge, um das Karussell zu stoppen:

Nimm wahr, dass du gerade anfängst, in das Karussell einzusteigen. Nur dann kannst du frühzeitig einwirken, als wenn es bereits die volle Fahrt aufgenommen hat.

Verändere den Rahmen. Wenn du zum Beispiel immer zur gleichen Zeit in das Karussell einsteigst, kannst du vielleicht zu diesem Zeitpunkt etwas anderes planen. Ein Telefonat mit einem lieben Menschen, ein wohltuendes Bad mit einem Podcast oder Hörspiel, lockerer Sport etc.

Verdränge es nicht, gebe dir eine kurze Zeitspanne, um das Grübel-Thema zu benennen und zu erkennen. Beispielsweise kannst du dir eine Stoppuhr stellen mit dem Gedanken: „Fünf Minuten bekommst du jetzt den Raum, liebes Problem!" Danach schreibst du die Überschrift des Problems auf einen Zettel („Ich habe mich darüber geärgert, dass die Spaziergängerin sich abfällig über meinen Hund geäußert hat!") und kannst laut oder leise denken: „Um dich kümmere ich morgen, wenn ich mehr Zeit und Muße habe, der Abend ist zur Entspannung da." Welche Worte du wählst, bleibt natürlich dir überlassen, doch treffe eine bewusste Entscheidung, denn du bestimmst, was mit dir zu welchem Zeitpunkt etwas macht! Am nächsten Tag kannst du das Thema neu beleuchten und vielleicht sogar feststellen, dass es an Schwere verloren hat.

Stelle dir ein Stoppschild vor, wenn es wieder losgeht. Und stoppe bewusst die Gedanken.

Nutze vergangene Situationen, um dich tagsüber, während du in einem guten Zustand bist, zu reflektieren. „Was hätte ich aus der heutigen Sicht, mit meinen jetzigen Kenntnissen, anders gemacht?" Es ist völlig okay, nicht immer passend zu reagieren, vielleicht fehlte dir das Wissen, die Ressourcen oder die Fähigkeiten zu dem Zeitpunkt. Nach der Antwort kannst du den Blick wieder nach vorne richten und die Situation als „Lerngeschenk" abschließen.

Beschäftige dich im Hier und Jetzt mit all deinen Sinnen, jedoch ohne sie zu bewerten. Nimm **fünf** Gegenstände in deinem Raum wahr und beschreibe sie laut oder in Gedanken in Form, Farbe und Beschaffenheit. Jetzt spüre in deinen Körper hinein, kannst du **vier** verschiedene Empfindungen nennen? Beispielsweise die Bündchen von deinem Schlafanzug, das Gefühl der Wärme der Bettdecke, ein Kribbeln in den Füßen. Jetzt ist der Hörsinn dran: nimm **drei** Geräusche bewusst wahr. Der Geruchssinn hilft uns auch wunderbar zum Erden: Kannst du **zwei** Gerüche wahrnehmen? Zum Beispiel dein Parfum am Handgelenk von heute Morgen? Oder falls dein Hund neben dir liegt, wie riecht er? Ich persönlich habe immer ein Kissen-Spray mit ätherischen Ölen neben meinem Bett. Ich liebe gute Düfte und Lavendel ist mein persönlicher Einschlafduft. Du findest tolle Duftmischungen, wenn du „Einschlafen und ätherische Öle“ in die Suchfunktion im Internet eingibst. Zum Schluss gönne dir **einen** bewussten und tiefen Atemzug, fülle den kompletten Oberkörper mit Luft und halte den Atem dann für mindestens drei Sekunden an, atme ganz langsam und sehr lange aus. Spüre kurz in die Atemleere hinein.

Führe die Progressive Muskelentspannung aus, sie ist eines der besten und gut untersuchten Werkzeuge zum aktiven Stressabbau kurz vor dem Schlafengehen. Das Wechselspiel aus muskulärer Anspannung und Entspannung signalisiert dem Körper Ruhe und Regulation. Dabei kann man wirklich jede einzelne Muskelgruppe bewusst ansteuern. Erst die linke Hand so lang wie möglich zur Faust ballen, dann mit der Ausatmung wieder entspannen, dann die rechte Hand. Jetzt folgen die Hand und der Arm, der Brustmuskel, die Bauchmuskeln, Po, Beine, Füße und zum Schluss das Gesicht. Du kannst versuchen, die Nase zu kräuseln, die Stirn zusammenzuziehen und als Letztes das Gesicht so zu verziehen, als wenn du in eine Zitrone gebissen hättest. Das Programm kann von fünf Minuten bis 30 Minuten gehen und wird dich auf vielen Ebenen entspannen. Wenn du es magst, kannst du dir bei einem Streaming-Dienst gesprochene Anleitungen herunterladen, die dich begleiten.

Höre deine Lieblings-Gute-Laune-Musik. Das Riechen und Hören beeinflussen sehr schnell und stark unsere Emotionen. So formen fröhliche Klänge positive Emotionen, während traurige Klänge eher eine melancholische Stimmung fördern. Als Gedankenschleifen-Unterbrecher eignen sich also Musikstücke, die du mit einem fröhlichen Gefühl verbindest. Falls jetzt noch die Möglichkeit für dich besteht zu tanzen, flutest du deinen Körper mit glücklich machenden Hormonen und Neurotransmittern.

Prüfe deine Gedanken auf den Echtheitsgehalt, wenn das Karussell zu viel Fahrt aufnimmt und zur Achterbahn wird. Eine wichtige Frage darf dich hier begleiten: „Ist es wirklich wahr, was ich denke?" Versuche Fakten und die Sachlage von deinen Interpretationen zu unterscheiden.

Sei dein eigener Coach. Wenn du möchtest und in den nächsten Tagen etwas Zeit hast, dann nimm den Zettel mit dem einen Satz, der deine Gedankenspirale entfacht hat. Jetzt versuche die Rolle eines Coaches einzunehmen, dem du gerade deine Gedanken erzählt hast und der sich jetzt auf diesen Satz bezieht. Er möchte dich verstehen und dir und dem Problem mit einer wohlwollenden Haltung begegnen, vielleicht gibt er dir auch schon ein paar Handlungsideen. Schreibe dir selbst aus dieser Sicht heraus eine E-Mail oder einen Brief, was würdest du deiner Klientin raten?

DEINE EMOTIONEN ALS KOMPASS

Jede Emotion trifft eine sehr wertvolle Aussage, sie wird oft als Hüter oder Wächter bezeichnet. Ein gutes Sinnbild! Deswegen ist es so wichtig, sie zu fühlen und zuzulassen. Finden sie Gehör und Verständnis, fällt es dir leichter sie zu regulieren.

Würden wir die komplette Stress-Thematik einmal auf das Wesentliche runterbrechen, geht es eigentlich immer nur um die Regulation der eigenen Zustände.

Jede kleinste Zelle in deinem Körper ist mit nichts anderem beschäftigt, als sich passend zu regulieren, um optimal arbeiten zu können. Deine Emotionen geben dir eine Richtung vor, wie bei einem Kompass, du musst sie nur passend lesen können.

Wenn du deinen Emotionen einmal zuhören möchtest, ist der erste Schritt die Wahrnehmung und Annahme. Dann erzählen sie dir Folgendes:

Wut und Ärger zeigen, dass wichtige Werte von dir in Gefahr sind, verletzt zu werden. Schaue einmal in das Kapitel mit den Selbstwerten und finde sie für dich heraus. Besitzt der Wert „Ordentlichkeit" beispielsweise einen hohen Stellenwert für dich, wird dich Chaos auf die Palme bringen. Ist dein Selbstwert eher die Improvisation, kann es sogar sein, dass du chaotische Zustände als Herausforderung empfindest und einen freudigen Antrieb verspürst.

Deine **Angst** gibt dir eine Auskunft darüber, etwas erneut zu überdenken und nicht vorschnell zu handeln. Sie ist die Hüterin der Sicherheit, je sicherer du dich fühlst, desto weniger Angst wirst du empfinden. Spürst du beispielsweise eine Angst bei Hundebegegnungen, zeigt sie dir, dass du dich unsicher fühlst. Möchtest du das verändern, ist die erste Frage: Was hilft dir, um sicherer zu werden? Brauchst du mehr Training, moralische Unterstützung, Sozialspaziergänge in sicherer Atmosphäre oder mehr Wissen zum Hundeverhalten? Die Angst bietet sich an, kurz innezuhalten und zu überlegen. Danach ist der Weg frei, um die Komfortzone zu verlassen, denn hier liegt das Wachstum. So kehrt sich die Angst um und hat die Chance, zu Zuversicht und Mut zu werden.

Die **Freude** schenkt dir Motivation. Ein Zustand, der sich immer mal wieder lohnt aktiv herzustellen. Fehlt dir diese lustvolle Emotion im Umgang mit deinem Hund, weil er ein für dich schwieriges Verhalten im Alltag zeigt, geht dir langfristig die Motivation im Umgang mit ihm verloren. Da ist es eine Möglichkeit für dich zu überlegen, in welchem Rahmen schöne und freudvolle Tätigkeiten mit deinem Hund möglich sind. Ich nenne es in meiner Hundeschule „Heldentraining", denn hier darf dein Hund zeigen, welche guten Seiten in ihm stecken, die ihn zum Helden machen. **Das soll den Blick auf die Schwierigkeiten nicht ablenken, jedoch um eine positive Sicht ergänzen.** Wer einmal seinen „schwierigen" Hund erlebt hat, wie er mit Enthusiasmus einen „vermissten" Menschen gesucht und gefunden hat (Mantrailing), der wird Emotionen wie Freude und Stolz erleben und diese zeigen. Ein wertvoller Rückkopplungseffekt, den nicht nur wir Menschen als soziale Lebewesen brauchen, sondern auch die Hunde. Es geht mit Annahme und Wertschätzung einher.

Hast du dich schon einmal geschämt? Die Emotion **Scham** zeigt an, dass du das Gefühl hast, bestimmten Normen, Werten oder Ansprüchen nicht zu genügen. Es möchte deine Würde wahren und dich so vor Ausgrenzung oder Anfeindung schützen. Nimmst du Scham bei dir wahr, kannst du dich fragen, welchen Ansprüchen du meinst nicht gerecht zu werden und ob du dich wirklich danach richten möchtest? Du kannst deine Werte prüfen, deine Selbstsicherheit unter die Lupe nehmen und anschließend entscheiden, nach welchen Normen und Werten du leben möchtest. Was lässt du dir von außen entgegen deiner Werte diktieren und wo kann du die Werte mittragen? So triffst DU die Entscheidungen, die dich von einem übermächtigen Schamgefühl schützen. Die Selbstsicherheit und Selbstwirksamkeit sind hier passende Gegenspielerinnen.

Die **Trauer** zeigt dir einen Verlust an, also einen Wert, den du dir gerne bewahrt hättest. Es kann dich traurig machen ein Ziel, das du dir gesetzt hast, nicht zu erreichen. Oder eine Erwartung, von der du dich verabschieden musst, sorgt dafür. Der Verlust eines geliebten Lebewesens ist oft ein großer Trauerfaktor. Nach dem Erkennen und Annehmen der Trauer, kann es in einen Prozess der Veränderung gehen, das heißt beispielsweise mit den veränderten Lebensumständen zurechtzukommen und sich innerlich neu auszurichten. Wenn du traurig bist und es für dich passt (Trauer hat eine sehr individuelle Bewältigungszeit!), kannst du dich fragen: Welcher Wert ist es, den ich jetzt vermisse? Wie kann ich ihn als Erinnerung bewahren oder habe ich die Möglichkeit, ihn auf einem anderen Weg wieder aufzusuchen? Oft hilft es bei traurigen Gefühlen, auf ein offenes und verständnisvolles Ohr zu treffen. Oder in dankbaren Erinnerungen zu schwelgen. Die empfundene Dankbarkeit und Geduld sind hier die Gegenspielerinnen, die das tiefe Gefühl schaffen zu regulieren.

Auch **Ekel, Verachtung, Überraschung, Interesse und Liebe** sind wertvolle Emotionen, die uns helfen, unsere Bedürfnisse zu ergründen und für sie einzustehen. Sie geben uns eine Auskunft darüber, wohin wir uns gerade ausgerichtet haben. So können wir entscheiden, ob wir den Weg weitergehen oder lieber eine andere Abzweigung probieren sollten.

Emotionsveränderung

Deine Bewertung entscheidet über deine Emotionen. Ein wichtiger Satz, der dir bewusst macht, dass eine innere Reaktion nur über einen anderen Blickwinkel verändert werden kann. Die Wahrnehmung schenkt dir eine Auskunft, dein Bewusstsein jedoch die Möglichkeit der Veränderung.

Coachingtipp

Führe mindestens 4–6 Wochen ein Emotionstagebuch. Es kann dir helfen, mit deinen Emotionen besser in Kontakt zu kommen und sie zu verstehen. Dazu brauchst du drei Spalten auf einer Seite, die letzte Spalte kann du in zwei weitere aufteilen:

- Spalte 1: Was war die auslösende Situation? Beschreibe sie möglichst sachlich. Zum Beispiel so, wie sie auch eine Außenstehende gesehen hätte.
- Spalte 2: Welche Emotion/en konntest du spüren? Emotionen sind Freude, Zuneigung, Liebe, Gleichgültigkeit, Trauer, Enttäuschung, Wut, Ärger, Abneigung, Angst, Scham, Niedergeschlagenheit, Neid, Stolz, Schuld. Wie fühlte sich dieser Zustand in deinem Körper an?
- Spalte 3: Was sagt dir diese Emotion über die Situation, deine Möglichkeiten zu Veränderung der Emotionen durch eine andere Bewertung und einer Tätigkeit: Welche Veränderung könntest du vornehmen, um sie besser zu regulieren? Unterscheide dabei in 1. Veränderungsmöglichkeit der Bewertung und 2. Veränderungsmöglichkeit durch eine Tätigkeit.

Lege den Fokus auch auf die positiven Emotionen. So gibst du den Bereich der Dankbarkeit noch mehr Aufmerksamkeit. Sie ist eine wichtige Gegenspielerin des Stresses und reguliert ihn nachhaltig. Du kannst also gerne nach der Tabelle einen weiteren Punkt aufführen: Für was kann ich heute dankbar sein, worauf bin ich stolz und was ist gut gelaufen?

So betrachtest du den Tag im Ganzen, mit allen guten und schlechten Geschehnissen.

Hier ein Beispiel:

Situation	Emotion	Veränderungsmöglichkeiten	
		Andere Bewertung	Tätigkeit
Mein Hund zog zu einem fremden Menschen und bellte ihn an. Die Aussage von dem Menschen war „Sie haben Ihren Köter nicht im Griff, Sie sollten ihn besser abgeben."	Ich war erst **wütend,** der Mensch weiß ja gar nicht, wieviel ich schon mit meinem Hund gearbeitet habe. Ich merke in meiner Wut ein Rauschen in den Ohren und so ein innerliches Feuer, das hochkocht. Dann war ich **traurig,** weil man die Erfolge noch nicht sieht. Ich fühlte mich schlecht.	Die Wut zeigt mir, dass gegen einen meiner Werte verstoßen wurde. Mir ist Fairness und Verständnis sehr wichtig. Ich fand es unfair, dass der Mensch so etwas gesagt hat. Die Traurigkeit zeigt mir, dass ich meine eigene Erwartung noch nicht erfüllt hatte. Hier liegt noch die Chance daran zu arbeiten. *Veränderter Blickwinkel: Woher soll der Mensch das auch wissen? Vielleicht hat er noch nie einen schwierigen Hund erlebt. Vielleicht wurde er schon einmal von einem Hund gebissen und hatte Sorge, dass mein Hund ihn beißt. Er hat anscheinend im Schreck diese Aussage getroffen.*	Ich fühle mich auch besser, wenn mein Hund andere Menschen nicht anbellt. Ich werde an der Leinenführigkeit weiterarbeiten und den Hund jetzt immer auf die abgewandte Seite nehmen, wenn ein Mensch kommt. Das würde mich selbst mehr entspannen. Ich werde umsichtiger im Alltag sein. Falls sich die Möglichkeit ergibt, werde ich noch einmal in Ruhe mit dem Menschen reden und Verständnis zeigen. Doch auch sagen, dass mich seine Aussage angegriffen hat (ohne Vorwürfe, als ICH-Botschaft).

So ausführlich muss es natürlich nicht immer sein, aber als kleine abendliche Selbstreflexion hilft dir das Tagebuch, feiner für dich und deine Emotionen zu werden. *In dem Beispiel wandelt sich die Emotion der Wut und Traurigkeit um, durch das Verständnis entsteht eine neue Motivation, die selbst gesetzten Ziele zu erreichen.*

Eine weitere Möglichkeit wird auf den nächsten Seiten beschrieben. Genauso gut hättest du dich in der Situation bei dem Menschen kurz (und ehrlich) entschuldigen können und für dich selbst die Einstellung gewinnen, dass Fehler nun einmal passieren. So lange keiner zu Schaden kam, kannst du dir selbst diese Unaufmerksamkeit verzeihen und beim nächsten Mal etwas vorausschauender gehen. Ist das die anfängliche Haltung zu dem Geschehen, würden weder Wut noch Traurigkeit als Emotionen auftauchen. Unsere Emotionen sind immer der Spiegel unserer Bewertungen!

DEINE ZWEIFEL ÜBERWINDEN, SICHERHEIT GEWINNEN

Viele Menschen tragen den Wunsch in sich, souveräner mit Konflikten umgehen zu können. Dabei entsteht oft ein Idealbild, das sich im Alltag nur schwer wiederfindet. In der Realität sind wir meistens wenig schlagfertig, oft fehlt es uns an Leichtigkeit und an anderen Stellen sind wir genervt von Situationen. Wir lassen uns von Blicken anderer Menschen verunsichern und ein unüberlegter Satz kann uns bis ins Mark treffen. Wie schön wäre es jetzt, sich dem selbstsicher entgegenzustellen.

Vielleicht kennst du auch ein paar „coole Socken", die jeden noch so heftigen Hund mit Leichtigkeit führen, in der Kommunikation immer einen lockeren Spruch auf den Lippen haben und mit Präsenz den Raum füllen. Bevor Emotionen zu groß werden und vielleicht sogar eine Selbstabwertung entsteht („Warum kann ich das nicht?"), lass' uns einen anderen Blickwinkel einnehmen. Die meisten nach Außen sehr selbstsicheren Personen besitzen trotzdem Unsicherheiten und Schwächen, wie alle anderen auch. Sie haben nur besser gelernt damit umzugehen.

Die größte Schwäche der Menschheit ist der Umgang mit der Schwäche.

Aus den ganz normalen eigenen Schwächen entstehen häufig stressverschärfende Denkmuster. So werden aus Zweifel und Unsicherheiten, Emotionen wie Scham oder Angst. Reaktionen fallen dadurch stärker aus und sind weniger rational.

Letztens stellte jemand die Frage, ob in der Hundewelt ebenfalls die Schwachen und Unsicheren gemobbt oder ausgeschlossen werden, eventuell ist es ein ganz natürlicher Vorgang unter Säugetieren und somit auch für Menschen normal, nach dem Motto „der Stärkste überlebt". Selbst wenn es normal wäre, unterscheiden wir uns durch die *Möglichkeit der Selbstreflexion und Kontextbetrachtung* von anderen Säugetieren, wir können bewusst die Menschlichkeit und das Verständnis wählen! Mobbing bei Hunden ist wie bei uns Menschen ebenfalls eine Sache der eigenen Sicherheit und Sozialkompetenz. Je selbstsicherer ein Lebewesen ist, desto weniger hat es es nötig andere kleinzumachen. „Wer seine eigene Würde entdeckt hat, kann andere nicht mehr würdelos behandeln", beschrieb der Neurobiologe Gerald Hüther es so passend. Ein Mensch, der aus einer sicheren Position heraus agiert, hat Abwertung, Hass und Diskriminierung nicht nötig. Er ist ebenfalls weniger manipulierbar durch äußere Einflüsse.

Je sicherer du denkst und handelst, je überzeugter du von deinen Ideen bist, desto mehr wird sich auch dein Hund an dir orientieren. Und desto weniger bist du abhängig von der Meinung anderer Menschen. **Unsicherheit ist keine persönlichkeitsbedingte Schwäche,** es ist ein veränderbarer Zustand, der durch die Lebenserfahrung entstanden ist.

Warum fühlst du dich manchmal unsicher? Verschiedene Faktoren beeinflussen deine Selbstsicherheit:

- Urvertrauen und Bindung
  Genetisch, im Mutterleib und in den ersten Lebensjahren prägt sich dieses Gefühl der Sicherheit. In der Entwicklung eines Menschen stehen wechselnde Bedürfnisse. Braucht ein Baby anfangs viel Nähe und Zuwendung, geht es mit der Zeit immer mehr in die Eigenständigkeit und Autonomie. Von der absoluten Abhängigkeit werden dann eigene Erfahrung des Selbstwirkens gesammelt. Werden diese Bedürfnisse von der Bezugsperson erkannt und unterstützt, ist ein wichtiges Fundament der Selbstsicherheit gelegt. Auch die bedingungslose Annahme ist ein Faktor, der bereits in frühster Kindheit entscheidend für das Selbstvertrauen ist.
- Erfahrungen
  Jede Erfahrung, in der ein Lebewesen durch eine eigene Entscheidung oder ein Verhalten etwas bewirken konnte, steigert das Selbstvertrauen und die Selbstsicherheit. Auch das Erleben vor allem in der prägenden Entwicklungszeit von nahestehenden Personen, die einen Ausweg aus einem Problem selbst geschafft haben, kann dieses Gefühl nähren. Situationen beeinflussen zu können, schenkt einem Menschen ein gutes und belohnendes Gefühl der Selbstwirksamkeit.
- Wissen
  Gerade im Umgang mit Hunden stellt sich besonders schnell eine Unsicherheit ein, wenn das Wissen zum Verhalten fehlt. Es gibt durchaus Menschen, die noch nie einen Ratgeber gelesen haben und trotzdem sicher aus dem Bauch heraus handeln, andere brauchen das kognitive Verstehen und die praktische Erfahrung, um sich sicher zu sein. Das Gute ist, Wissen kannst du dir jederzeit aneignen, es braucht dazu lediglich deine Motivation.

Wie erhältst du mehr Sicherheit? Auf den nächsten Seiten findest du viele weitere Einflussfaktoren, die dich sicherer und souveräner in deinen Entscheidungen machen.

Hier kommt ein kleiner Überblick der Faktoren:

- Nimm deine Schwächen an und akzeptiere Fehler.
- Sehe deine Emotionen als wichtige Ratgeber .
- Setze den Fokus auf deine Stärken und dein Können.
- Stärke dich durch die Arbeit mit deinem Körper (Kapitel 4).
- Gehe in die Handlung. Mut ist Angst plus einen Schritt.
- Steigere deine Selbstwirksamkeit, traue dich zu wirken.
- Raus aus der Opferhaltung: Übernehme die Verantwortung für dich.
- Kenne deine Werte und stehe für sie ein.
- Sorge für dich und deine Zufriedenheit.
- Lerne dich mit allen deinen Facetten kennen und lieben.
- Bereichere dich mit Wissen zu den Themen, die dir wichtig sind.

Eine hilfreiche ICH-Botschaft

Ich schätze mich selbst wert, ich habe es verdient, mich selbst mit Respekt zu behandeln, so wie ich auch für mein Recht einstehe zu existieren. Ich akzeptiere meine Schwächen, sehe Fehler als Lernerfahrung und unterstütze mich selbst wohlwollend in meiner Weiterentwicklung. Ich darf so sein, wie ich bin.

SCHATZSUCHE STATT FEHLERFANDUNG: FINDE DEINE STÄRKEN

Was sind deine Schwächen? Bist du zu ungeduldig, zu laut, zu leise, unpünktlich, chaotisch, zu genau, zu bestimmend? Es gibt sicher ein paar Attribute, die dir einfallen. Oft können wir sehr gut unsere Schwächen benennen, bei den Stärken tun wir uns etwas schwerer. Wenn uns etwas leicht von der Hand geht, ohne große Mühen, spricht man von Stärken, es ist also das Gegenteil von erlerntem Können, das wir uns vielleicht sogar mühevoll erarbeiten mussten.

Bei den Schwächen ist es interessant, dass viele der vermeintlichen Unzulänglichkeiten einen anderen Blickwinkel verdienen. Chaotische Menschen besitzen häufig ein Improvisationstalent, das heißt, sie kommen mit plötzlichen Veränderungen sehr gut klar, während der ordnungsliebende Mensch bei Chaos fast verzweifelt. In der Literatur werden Schwächen auch gerne übertriebene Stärken genannt. Der ordnungsliebende und genau arbeitende Mensch ist eine Bereicherung für ein Unternehmen, nebenbei neigt er zu einem Perfektionismus, der ihn selbst stresst. Seine Stärke übertreibt (siehe „Innere Antreiber").

Jedes Verhalten hat einfach mehrere Facetten, sodass manche Schwäche nur das Symptom einer Stärke ist. Natürlich nervt Unpünktlichkeit, wenn der Mensch auf dich im Regen an der nicht überdachten Bushaltestelle wartet. Wenn du ein nicht passendes Zeitmanagement hast und andere Menschen davon schon stärker betroffen sind, schafft es vielleicht ein Gedanke, dich ein wenig besser aufzustellen. Mein hilfreicher Gedanke war: Ich verfüge oder bestimme über die Zeit eines anderen Menschen, wenn ich zu spät komme. Da für mich der Selbstwert Respekt sehr hoch ist, empfinde ich dieses Verhalten selbst als respektlos. So habe ich eine stärkere Motivation etwas zu verändern. Entweder ich fahre wesentlich früher los oder ich verabrede mich an einem Ort, wo der andere Mensch ein paar Minuten warten kann, ohne zu frieren, mit dem Hinweis, dass es etwas später werden kann.

Zeitgleich weiß ich, dass mein chaotisches Zeitmanagement auch ein Ausdruck meiner Stärke ist. Ich kann sehr gut damit umgehen, wenn ein anderer Mensch unpünktlich ist oder einen Termin spontan absagt, denn ich habe sofort eine Idee, was ich mit der gewonnenen Zeit anfangen kann. Ich empfinde keinen Ärger darüber, sondern eine Freude.

Schreibe deine Schwächen gerne einmal auf. Überlege zu jedem Wort, welche Stärke dazugehören könnte. Betrachte genau die Facetten, wo kann dir die Schwäche sogar nutzen?

Wo solltest du die Schwäche durch ein besseres Management verkleinern, weil sie andere Lebewesen negativ beeinflusst? Und wo kannst du sie annehmen als ein wichtiges Nebenprodukt, als ein Teil von dir? Die Selbstannahme ist ein großer Faktor deiner Selbstsicherheit und Souveränität.

Ein kleines Coaching

Gehe lieber auf Schatzsuche statt auf Fehlerfahndung. Schwächen oder Fehler laden wunderbar zu einer Selbstreflexion ein und haben großes Potenzial sich weiterzuentwickeln, doch sollte der Fokus nicht darauf liegen. In dieser unperfekten und chaotischen Welt wird nur zu oft das Bild des Perfekten verkauft. Es ist nicht echt und es ist stressverschärfend! Werde dir deiner Schätze und Stärken bewusst, nimm deine Schwächen an. Falls du dazu neigst, zu negativ von dir zu denken, bereitest du dir eine kleine Ressourcendusche. Bitte nimm dir dafür ausreichend Zeit.

Wenn du in deinem Leben zurückblickst, gab es da Situationen, die du gemeistert hast? Was waren dort deine Fähigkeiten, die dich unterstützt haben? Was geht dir leicht von der Hand? Was kannst du gut? Bei welchen Tätigkeiten fühlst du dich richtig gut und erfüllt? Was interessiert dich? Was findest du spannend? Für was empfindest du Begeisterung?

- **Stelle mehreren Menschen, die dir wohlgesonnen sind, folgende Fragen:**
  Was kann ich gut? Was sind meine Stärken, Fähigkeiten und Kompetenzen?
  Es kann sein, dass du ein völlig neues (positives) Bild von dir erhältst.

- **Fertige ein Chart an: DAS BIN ICH!**
  Stelle die Stärken und Schwächen nebeneinander. Für jede Schwäche muss es auch eine Stärke geben, die Anzahl der Punkte in den beiden Spalten sollte im Gleichgewicht bleiben (ein paar mehr Stärken schaden allerdings nicht). Wenn du fertig bist, stelle dich mit ein wenig Abstand und beiden Beinen ganz bewusst fest auf den Boden vor das Chart, atme tief ein und aus und denke, oder sage laut: „Genau das bin ich".

Das Große ist nicht, dieses oder jenes zu sein, sondern man selbst zu sein.

SØREN KIERKEGAARD, DÄNISCHER PHILOSOPH

FEHLERKULTUR: NIEDER MIT DEINEM PERFEKTIONISMUS!

Dir sind Fehler unangenehm und du schämst dich, wegen des Makels? Hast du schon einmal was von dem Pratfall-Effekt gehört? Diese Beobachtung geht auf den Psychologen E. Aronson zurück, der 1966 erste Experimente dazu durchgeführt hat, die zeigen, dass kleinere Missgeschicke einen Menschen sympathischer erscheinen lassen. Weitere Untersuchungen bestätigten die Ergebnisse. Auch wenn wir in diesem Kapitel das Thema „Umgang mit Schwächen" tiefgehender behandeln, finde ich, dass der Effekt hervorgehoben werden sollte. Denn eventuell erleichtert dich das Wissen bereits.

Scham gehört, wie du jetzt weißt, zu den intensiven Gefühlen und beinhaltet die Angst des Verlustes der Zugehörigkeit. Zeitgleich zeigt die Scham unsere Gedanken zu unserer eigenen Fehlerhaftigkeit auf, deswegen wird sie auch *Gegner der Selbstreflexion* genannt. Es ist ein steiniger, manchmal schmerzvoller Weg, seine eigenen Mechanismen zu durchleuchten. Doch was wäre, wenn dein Gegenüber dich gerade wegen deiner Fehlerhaftigkeit schätzt? Was ist, wenn du genau deswegen als sympathisch empfunden wirst? Aronson und seine NachfolgerInnen zeigten deutlich auf, um gemocht und angenommen zu werden, müssen wir nicht perfekt sein!

Fehler machen uns menschlich. Wenn wir uns selbst nicht zu ernst nehmen, uns eine Fehlerhaftigkeit sogar zugestehen, dann kommt es zu dem so wichtigen Rückkopplungseffekt: Wir erfahren Annahme, statt Ausgrenzung. Es erhöht unsere Authentizität, den Standpunkt klar zu vertreten und dabei zu Fehlern zu stehen und Schwächen zu benennen. Im Marketing wird dieses Thema sogar bewusst eingesetzt, um mehr Kunden zu gewinnen oder die Marke sympathischer erscheinen zu lassen. Wahrscheinlich werden dir mit dem Lesen des Buches Manipulationstechniken auffallen, die andere Menschen oder Unternehmen nutzen, um ihre Vorteile zu sichern. Das hat etwas Positives: Je mehr du diese Prozesse verstehst, desto weniger wirst du manipulierbar.

Es wird Menschen geben, die auf Fehler von dir warten, um dich kleiner zu machen und sich selbst größer. Mobbing hat hier seinen Ursprung. Es tut weh, so etwas zu erleben, Urzeitmechanismen machen uns dann zu schaffen: Wir befürchten tief in uns drin, den sozialen Ausschluss, ein Garant für den Tod zwischen Dinosauriern und Säbelzahntigern. Deswegen hat die Natur es so eingerichtet, dass wir auf jeden Fall dazugehören wollen und uns anpassen. Die Zeiten haben sich geändert. Eine Anpassung an toxische Menschen, die oft ihren eigenen schweren Rucksack an tragischer Lebenserfahrung tragen, muss nicht mehr um jeden Preis geschehen. Du darfst Fehler machen, ganz ohne Rechtfertigung. Du darfst dir dein Umfeld aussuchen, von dem du Ratschläge oder Kritik annimmst und bei welchen Menschen du klar und konsequent die Tür schließt.

Hole dir einen wichtigen Satz immer wieder ins Bewusstsein: Erfolg stellt sich nur ein, wenn aus Fehlern gelernt wurde. Oder um es mit einem Sprichwort zu sagen: **Ich habe so viel aus meinen Fehlern gelernt, ich denke glatt darüber nach, noch mehr zu machen.**

Ein kleines Coaching

Übe dich im Fehler machen. Jeder Mensch trifft jeden Tag einmal falsche Entscheidungen, sagt unpassende Sätze, vergisst wichtige Termine oder ist nachlässig. Erwische dich dabei und prüfe deine Gedanken. Schimpfst du innerlich mit dir, ärgerst du dich? Versuche einen anderen Blickwinkel einzunehmen: Was kannst du aus dem Fehler lernen? Oder kann er einfach auch so stehen bleiben, weil sich die Welt trotzdem weiterdreht und er keine großen Auswirkungen hatte?

Akzeptiere deine Fehlerhaftigkeit als Teil deines Menschseins. Ohne Fehler und Makel wäre ein Mensch langweilig, eintönig und ohne Tiefgang. Eine Weiterentwicklung ist quasi ausgeschlossen.

Gebe Komplimenten mehr Raum als dem Fingerzeig auf deine Fehler.

Komme ins Handeln, statt ins Grübeln. Der Perfektionismus hält einen Menschen davon ab aktiv zu werden, denn es muss erst alles 100 % geplant und sicher sein. Doch es gibt keine 100 %! Oft reichen 80 % an Wissen und Können bereits aus, um etwas gut zu machen.

Übe dich in Selbstliebe, um weniger abhängig von der Meinung anderer Menschen zu werden. Was kannst du gut? Worauf kannst du stolz sein? Welche liebenswerten Eigenschaften besitzt du? Gehe in dir auf Schatzsuche!

Vergleiche dich nicht mit anderen, aber lass dich inspirieren. Du bist einmalig, deine Persönlichkeit und dein Lebensweg machen dich aus, es gibt dich kein zweites Mal und das ist wunderbar! Andere Menschen können dir vielleicht eine neue Richtung zeigen, doch du darfst den Weg in deinen eigenen Schuhen laufen und feststellen, ob er passt.

Setze dir erreichbare Ziele und feiere die kleinen Erfolge. Manchmal besteht der Weg zu einem Ziel aus vielen kleinen Schritten (und Rückschritten). Sei stolz auf dich, überhaupt den Weg zu gehen.

Kenne deine inneren Antreiber. In dem Kapitel findest du weitere Möglichkeiten der Veränderung.

Fehler-Fakt

Aus Fehlern sind übrigens die größten kreativen Meisterwerke entstanden. Weicht der Perfektionismus, bekommt die Kreativität mehr Raum.

Ein perfekt gemaltes Bild. Malen nach Zahlen, für 23,50 €.

Blumen in einer Vase, Vincent van Gogh, Schätzwert 84 Millionen Euro.

DEIN SELBSTWERT IST DER WIND IN DEINEN SEGELN

Wohin geht deine Lebensfahrt? Wie richtest du deine Segel aus, um deine Ziele zu erreichen? Wo sind deine Grenzen, die du kommunizieren solltest? Wann handelst du nach deiner eigenen Überzeugung? Wichtige Fragen, die dich selbst klarer positionieren und souveräner in deinen Entscheidungen machen.

Es geht um deinen Selbstwert, den Begriff hast du sicher schon einmal gehört. Doch was ist er genau und warum gehört eine Selbstwertschätzung in ein Stresscoaching? Genau diese Frage habe ich mir anfangs auch gestellt. Mit der Zeit ist das Kennenlernen der eigenen Werte jedoch ein Basisbaustein in meinem Coaching geworden. Und das aus gutem Grund. Denn handelst und lebst du nach deinen Werten, steigt die Lebenszufriedenheit enorm. Es fällt dir leichter, für dich zu sprechen, Grenzen zu ziehen und dich zu positionieren. Es macht dich unabhängiger von der Meinung anderer Menschen und selbstsicherer: Du weißt, was du möchtest, was du brauchst und was nicht. Kennst du deine Bedürfnisse, kannst du sie besser kommunizieren und für sie einstehen. Auch im Umgang mit deinem Hund wirst du vieles besser verstehen, wenn du deine Werte kennst. Du verstehst nicht nur deine Motive hinter deiner Handlung, sondern auch die Handlungen anderer Menschen besser. Ein interessanter und fast schon friedensstiftender Prozess im Miteinander!

Warum haben manche Menschen ein geringes Selbstwertgefühl? Oft entsteht es, wenn ein Mensch von klein auf gelernt hat, es allen recht zu machen (siehe „Innere Antreiber“). Eine Anpassung an die Gesellschaft ist zwar bis zu einem gewissen Grad sinnvoll, doch verliert sich ein Mensch auf diesem Weg selbst, geht auch der Kontakt zu seinen Bedürfnissen verloren. Später fällt es schwerer Grenzen zu ziehen, für sich einzustehen und sich selbst wahrzunehmen. Das Gefühl von Überforderung im Alltag, begleitet von vielen Emotionen, vorrangig die der Wut, stellt sich dann oft ein. Umso wichtiger, den eigenen Selbstwert wieder zu entdecken! Es kann im Laufe des Lebens auch zu Verschiebungen in den Werten kommen. So war es mir früher wichtiger, spontan denken und handeln zu können, während ich mich jetzt, mit zwei Kindern, Hunden, der Selbstständigkeit und vielen weiteren Themen, wohler mit der Planbarkeit und Berechenbarkeit fühle. Quasi bin ich vom Wildcamper zum Dauercamper mutiert, der das Gleichbleibende schätzt.

Wie kannst du deine Werte erkennen? Bestimmt hast du dich in der letzten Zeit einmal geärgert, vielleicht über einen anderen Menschen oder auch über deinen Hund. Wie bereits in dem Emotionskapitel erklärt, ist hier ein wichtiger Hüter am Start, der dich schützen möchte. Er zeigt dir mit dem Ärger auf, dass gerade deine Werte tangiert werden. Etwas, was dir wichtig ist, wurde zu dem Zeitpunkt des Ärgers angegriffen. Manchmal weiß dein Gegenüber nicht, dass dir das wichtig ist, und zeigt sich verwundert über deine Reaktion. Dein Hund weiß es ganz sicher nicht und wird den Ärger eventuell nicht in den passenden Zusammenhang mit einem Verhalten verstehen. Ein kleines Dilemma, das jedoch auflösbar ist. Nämlich genau dann, wenn du weißt, welcher deiner Werte gerade in Gefahr war. Um es ein wenig zu verdeutlichen, nenne ich dir einige Werte und du kreuzt gerne spontan an, welcher Wert dir zusagt und für dich derzeit wichtig ist. Dann kannst du anschließend alle noch einmal betrachten und sie nach Prioritäten sortieren. Um es tiefgehend und genau zu gestalten, gebe ich dir verschiedene Bereiche vor, denn hier kann es Unterschiede geben, bei denen sich ein bewusstes Hinschauen lohnt. Die jeweils fünf wichtigsten Werte machen dich in dem Bereich aus und wir werden sie mit ein paar Fragen genauer betrachten.

Meine Werte in den Bereichen

Persönliche Entwicklung

Familie

Freunde

Arbeit

Freizeit

____

____

____

____

____

Hund

____

____

____

____

____

Eine Auswahl von Werten:

- Abenteuer, Abwechslung, Achtsamkeit, Aktivität, Anerkennung, Ausgeglichenheit, Authentizität, Aufmerksamkeit, Attraktivität
- Bedeutung, Beliebtheit, Bescheidenheit, Besitz, Besonnenheit, Bildung
- Dankbarkeit, Demut, Distanz, Disziplin
- Ehre, Ehrlichkeit, Eigenständigkeit, Eleganz, Einfachheit, Einzigartigkeit, Engagement, Empathie, Enthusiasmus, Entspannung, Entwicklung, Erfahrung, Erfolg, Expertise
- Fairness, Familie, Fantasie, Fitness, Flexibilität, Fleiß, Freiheit, Freizeit, Freude, Freundlichkeit, Freundschaft, Fürsorglichkeit
- Geborgenheit, Gelassenheit, Gemeinschaft, Gemütlichkeit, Gerechtigkeit, Gesundheit, Glück, Großzügigkeit
- Harmonie, Herausforderung, Hingabe, Höflichkeit, Humor
- Integrität
- Klarheit, Komfort, Kontinuität, Kontrolle, Kreativität

- Lebensfreude, Leichtigkeit, Leidenschaft, Leistung, Liebe, Loyalität, Luxus
- Macht, Motivation, Mut
- Nachhaltigkeit, Nähe, Neugier, Nächstenliebe
- Offenheit, Optimismus, Ordnung
- Perfektion, Pflichtbewusstsein, Pragmatismus, Professionalität
- Respekt, Ruhe, Reichtum
- Sauberkeit, Schönheit, Selbsterkenntnis, Selbstvertrauen, Sicherheit, Sinnhaftigkeit, Sinnlichkeit, Spiritualität, Spontaneität, Stabilität, Stärke
- Teamgeist, Tiefgang, Toleranz, Tradition, Treue
- Unabhängigkeit
- Verantwortung, Vergnügen, Vernunft, Vertrauen, Vermögen, Vielfalt
- Wachstum, Wahrheit, Weisheit, Weiterentwicklung, Wertschätzung, Wohlstand
- Zugehörigkeit, Zivilcourage, Zuverlässigkeit.

Zu jedem einzelnen Bereich und Wert kannst du dir jetzt folgende Fragen stellen, um dich tiefgehender und verständnisvoller damit zu beschäftigen:

- Was bedeutet dieser Wert für dich? Was verbindest du damit?
- Schaffst du es bereits, nach diesem Wert in diesem Bereich zu leben?
- Wie kannst du diesen Wert in dem Bereich mehr fördern, damit du dich damit wohler fühlst?
- Ist der Wert auf dein Umfeld und Ziel abgestimmt?
- Wie sieht es aus, wenn du den Wert zu 100 % leben könntest? Was würde sich verändern?
- Kannst du Abstriche machen, weil es das Umfeld erfordert?
- Wenn du keine Abstriche machen kannst, wie kannst du es kommunizieren oder verändern, um nach deinem Wert weiterzuleben?

HANDELN STATT ERSTARREN, DEINE KRAFT DER SELBSTWIRKSAMKEIT

Gewisse Denkmuster sorgen bei manchen Menschen dafür, dass sie eher aus einem ängstlichen oder unsicheren Empfinden heraus auf Situationen reagieren. Das kann zu einem Erstarren oder zu einer Hilflosigkeit führen. Diese beiden Zustände sind die massivsten Negativ-Stressverursacher, die zu einem ungesund starken Cortisol-Anstieg führen. Mit Angst und dem damit verbundenen Stress steigt die Entzündungsaktivität in den Innenwänden der Blutgefäße (Tawakol, 2017). Ein schleichender Entzündungsprozess, der sich mit zunehmendem Altern und weiteren Risikofaktoren (falsche Ernährung, Übergewicht, Rauchen und Alkohol) stark potenziert.

Neben der Arbeit an der Gedankenwelt, sollte der Fokus auch auf dem Handeln liegen. Menschen, die sich aktiv und bewusst mit ihren Problemen auseinandersetzen und dadurch immer mehr Bewältigungsstrategien erlernen, erhöhen ihre Lebenszufriedenheit und senken damit den Stresslevel (Diener, 2006). Viele kleine „Mutausbrüche" können hier helfen, um das Gefühl der Selbstwirksamkeit wieder zurückzuerlangen. Angst wird nur kleiner, indem man ihr begegnet.

Hast du gerade eine schwierige Phase mit deinem Hund oder generell in deinem Leben? In solchen Phasen ziehen Menschen sich gerne zurück, was durchaus sinnvoll ist, aber nur wenn es dann wieder mit neuer Kraft nach vorne geht. Doch wird der Rückzug immer länger, wird es schwierig mit den Veränderungswünschen. Einigen Menschen hilft der Sprung ins kalte Wasser, andere müssen erst einmal täglich die Zehen hineinhalten. Egal wie kleinschrittig, die Hauptsache ist, es geht voran. Zwar braucht es zeitgleich eine Arbeit an den Ressourcen und Kompetenzen (Thema Glaubenssätze), doch vieles wird leichter, wenn man Schritte wagt. Ein stressfreies Leben in völliger Harmonie gibt es nicht, aber es gibt ein zufriedenes und glückliches Leben, wenn es uns gelingt, mit den Konflikten, Ungerechtigkeiten, negativen Emotionen und stressbelasteten Situationen umzugehen, weil wir genug Werkzeug (Bewältigungsstrategien) in unserem Koffer haben und weil wir mutig genug waren, es immer wieder auszuprobieren.

Wenn du eher der introvertierte Mensch bist, der gerne einmal abwartet, bevor er sich entscheidet und handelt, dann lasse dir auf jeden Fall die Zeit, die es braucht. Unsere laute und oftmals extrovertierte Welt mag den Anschein erwecken, dass schnelle Entscheidungen immer gut und wünschenswert sind. Nicht jede ist eine Macherin, es braucht auch Überlegerinnen! Unterscheide für dich nur, ob du gerade abwartest, weil du noch Zeit brauchst (Nimm' sie dir!) oder ob du aus Angst in eine Starre fällst (Raus da!). Beide Prozesse sehen von außen betrachtet gleich aus, nur du kannst wissen, wie es um dein Inneres bestellt ist.

Ein Beispiel aus meinem persönlichen Nähkästchen: Mein Hund Tobi mag nicht wirklich fremde Menschen. Also, er kann sie ertragen, wenn sie nicht zu übergriffig sind. Nach einer gewissen Auftauzeit kann es sein, dass er sie sogar in seinen Freundeskreis aufnimmt. Mein Auftrag als anleitender Mensch ist es zu schauen, inwieweit Tobi unbequeme Situationen passend lösen kann oder wo er noch nicht die angemessenen Werkzeuge hat und meine Unterstützung benötigt. Ein schöner Arbeitsprozess, der uns beide zusammengeschweißt hat. Vor einiger Zeit habe ich mir eine kleine Ferienwohnung am Meer gekauft, ich war euphorisch, denn ein großer Lebenstraum ging in Erfüllung. Als ich dann mit dem Schlüssel davorstand, dachte ich: „Oh, enge Flure, kleine Fahrstühle, ein Hochhaus mit vielen Menschen, bzw. Feriengästen …". War Tobi eigentlich schon so weit? Klar, sind wir einmal Fahrstuhl gefahren, aber insgesamt ist mein Alltag nun einmal Tobis Alltag und wir wohnen auf dem Land mit viel Platz um uns herum und nicht in der Stadt. Nun war es da, das kalte Wasser, und ich musste wohl hineinspringen, obwohl eine leise Stimme in mir Bedenken anmeldete. Tobi musste mitschwimmen, die Vorbereitungszeit oder ein langsames Heranführen gab es nicht. Die tägliche Konfrontation mit seiner Unsicherheit hat ihn stärker, gelassener und selbstwirksamer gemacht. Er wusste dabei um meine Verfügbarkeit und dass ich Situationen regle, wenn er es nicht schafft. Ich musste folgend immer weniger regeln und konnte immer mehr zulassen. **Seine Selbstwirksamkeit ist durch den Zwang zur Handlung gestiegen.** Manchmal braucht es genau das.

Denn tatsächlich meiden viele Menschen die Anstrengung eines Konflikts. Der Alltag ist oft anspruchsvoll genug, sodass lieber die schöne Zeit mit dem Hund genossen wird, statt in die Auseinandersetzung mit Widrigkeiten hineinzugehen, um gemeinsam daran zu wachsen. Es gehört eine Portion Mut dazu und einige inneren Ressourcen, die einem helfen, wenn es einmal nicht so klappt, wie man es sich erhofft hat. Ich mag das Sprichwort „Mut ist Angst plus einen Schritt“, denn es verdeutlicht, dass es nicht einfach ist, die Komfortzone zu verlassen und sich auf die Fahrt in unsicheres Gewässer zu begeben. So gerne würde ich dir sagen: „Bleibe in dem Bereich, wo du dich wohlfühlst!“, wenn ich nicht wüsste, wie stark und resilient du werden kannst, weil du es gewagt hast.

Tipp

Sorge für gute Zeiten in deinem Leben, in denen du dich aktiv erholst und dir Wohltuendes gönnst. Starte dann gestärkt in das Wachstum durch die Konfliktbegehung! Betrachte den Konflikt mit ein wenig Abstand: Welche Möglichkeiten zum Wachsen gibt es hier, und wie gehe ich mit einem Scheitern um, falls es NOCH nicht klappt?

Coaching

- **Selbstreflexion**
  Wie ist es bei dir, hast du derzeit Situationen, die dich erstarren lassen oder dir ein Gefühl der Angst und Unsicherheit geben? Empfindest du deinen „Werkzeugkoffer" zur Lösung der Konflikte gut gefüllt?
- **Selbstwirksamkeitscoaching**
  Schreibe auf einem Blatt kleine Mutproben auf, die du für erfüllbar hältst (dich aber trotzdem herausfordern). Wenn du eher schüchtern bist und schnell an deine Schamgrenze kommst, dann kannst du beispielsweise jemand Fremdes fragen, wie spät es ist, obwohl du gut sichtbar eine Uhr am Arm trägst. Oder du gibst einen leeren Eisbecher in einer Fast-Food-Kette zurück, mit den Worten: „Ich möchte den umtauschen, der hat nicht geschmeckt!" oder du stellst dich bei einen unbekannten Streetfood-Laden an und bestellst „Einmal wie immer, bitte!". Hierbei geht es darum, bewusst schambehaftete Situationen zu erleben und einen Umgang oder eine Lösung zu finden. Dabei ist es sehr individuell, wie du handelst. Manche Menschen werden es mit Humor auflösen, andere entschuldigen sich für das Missverständnis, wieder andere warten neugierig die Reaktion des Gegenübers ab. Diese kleinen „Rollenspiele" in der echten Welt stärken dich, um mit anderen ungeplanten Unwegsamkeiten besser umzugehen.
  Welche Mutproben könntest du mit deinem Hund begehen? Welche Situationen gibt es, die du normalerweise meidest? Schreibe sie auf und erstelle einen kleinen Plan.
- **Was braucht dein Hund in der Situation?**
  Sicherheit durch klare Vorgaben oder „Raumzuweisung" (beispielsweise das Sitz hinter deinen schützenden Beinen), eine kurze Leine für weniger Spielraum und mehr Anleitung oder kann

er eigene Entscheidungen passend treffen? Gerade der letzte Satz ist für eine Steigerung der Selbstwirksamkeit wichtig, was wären für dich passende Entscheidungen?

- **Was kann dein Hund?** Gibt es ein Alternativverhalten, das positive Emotionen auslöst? Am besten ist es, wenn er selbst auf die Idee kommt, ein Verhalten zu zeigen. Das kann ein Schnuppern auf dem Boden sein, statt dem typischen Konfliktverhalten Flucht oder Kampf, oder er schaut in deine Augen (Kooperationsanfrage), oder er macht von allein Sitz etc. Loben, sich freuen und selbst dabei entspannt bleiben sind die besten Unterstützungsmöglichkeiten bei dem Ausbau der Selbstwirksamkeit des Hundes.
- **Was brauchst du?** Vielleicht helfen dir ein paar ruhige Atemzüge in den Bauch, um die Anspannung zu senken und dich auf die Situation einzulassen. Manchen Menschen hilft eine Klopftechnik um zu entspannen, andere brauchen vorher ein paar gute und mutmachende Gedanken. Manchmal hilft auch ein vorheriges „Katastrophieren", das heißt, sich Gedanken zu machen, was *schlimmstenfalls* passieren könnte und wie der beste Weg ist sich zu wappnen? Das kann beispielsweise ein Maulkorb für den Hund sein, wenn er dazu neigt, beschädigende Aggression zu zeigen. So mildert sich die „Katastrophe" deutlich ab. Allerdings ist dieser Weg nichts für Menschen, die diese Gedanken stets und immer mit sich tragen (siehe „Innere Antreiber"). Übrigens kann auch ein Summen mit deiner Stimme helfen, es beruhigt das Nervensystem! Vielleicht probierst du einfach Unterschiedliches aus und schreibst dir dann die Erfolge auf.

NEIN! GRENZEN SETZEN UND FÜR DICH EINSTEHEN

Viele Menschen merken erst anhand ihrer Emotionen, dass eine Grenze erreicht oder überschritten wurde. Die Wut, als Hüterin deiner Werte, ist dabei der häufigste Marker. Aber auch andere Emotionen können darauf hinweisen, dass du dich positionieren solltest, damit deine Bedürfnisse nicht übergangen werden. Das fällt vielen Menschen (vorrangig Frauen) sehr schwer. Wenn dann noch der innere Antreiber „Ich möchte gefallen" mitspielt, wird eine Wahrung der Grenzen zur Mammutaufgabe.

Ob es Informationen sind, für die du derzeit kein offenes Ohr hast, oder Ratschläge, nach denen du nicht gefragt hast, oder Anforderungen, für die du derzeit keine Kapazität besitzt: Ein „Nein" darf ein ganzer Satz sein. Langfristig würde das Übergehen deiner Grenzen dich überfordern und deine Gesundheit negativ beeinflussen. Umso wichtiger ist es also, an diesem Thema zu arbeiten.

Je mehr du deine Werte und Bedürfnisse kennst, je feiner du für deine Prozesse bist, desto klarer und souveräner kannst du eine Grenze aufzeigen und so selbstwirksamer und selbstbestimmter handeln. Umgekehrt werden Grenzen manchmal nur sichtbar, wenn die Emotionen durchscheinen. So kann es bei einem „Nein" schnell zur emotionalen Entgleisung kommen, die die Beziehung zu anderen Menschen oder dem Hund belastet. Es ist ganz ähnlich wie bei dem Thema der Aggression bei Hunden: Ein sozialkompetenter und gelassener Hund hat es nicht nötig, eine Eskalation von aggressivem Verhalten zu zeigen. Aggression ist auch hier ein feinabgestuftes Kommunikationsmittel, um Grenzen oder Bedürfnisse aufzuzeigen.

Deine eigenen Ressourcen bzw. Kapazitäten plus deine Werte geben dir Auskunft darüber, wann eine Grenze kommuniziert werden sollte. Du darfst darüber entscheiden, welche Informationen, Gespräche oder Menschen du an dich ranlässt und welche besser nicht. Versuche dabei die innere Haltung des Wohlwollens und Verständnisses für dein Gegenüber entstehen zu lassen (siehe „Vier Seiten einer Botschaft und das Dramadreieck“). Dann entstehen keine weiteren Nebentöne, die für Missverständnisse oder Diskussionen sorgen.

Ein kleines Coaching

Schreibe eine vergangene Situation auf, wo du gerne ein Nein kommuniziert hättest, aber es nicht getan hast. Erinnere dich an die Emotionen währenddessen und danach. Schreibe sie gerne mit auf.

Jetzt formuliere das Wort „Nein“. Dabei ist die Atmung ein wichtiger Faktor. Versuche die Bauchatmung und lege dorthin deinen Fokus. Atme dreimal tief in den Bauch und wieder aus, beim vierten Mal formulierst du gemeinsam mit der Ausatmung das Nein. Als nächsten Schritt nimmst du deinen Körper dazu. Stelle dich aufrecht hin, beide Beine fest auf dem Boden. Spüre kurz in deine Fußsohlen hinein, wie klar, deutlich und fest sie auf dem Boden stehen. Richte dich aus deiner Mitte aus und formuliere wieder das Nein tief aus dem Bauch heraus. Stelle dir einen Punkt hinter dem Nein vor und lasse eine längere Pause. Lass dein Nein wirken.

Übe es so oft du kannst. Vielleicht gibt es in der nächsten Zeit eine Situation, wo du dein klares Nein einsetzen kannst. Natürlich darfst du je nach Beziehung zu deinem Gegenüber eine Erklärung abgeben, warum du diese Grenze ziehst. Doch es bedarf keiner Rechtfertigung und so manches Mal kann ein Nein auch für sich wirken. Je häufiger du es anwendest, desto sicherer und überzeugender wirst du.

Folgende Sätze formulieren eine Grenze. Probiere sie einmal aus:

- Das möchte ich nicht.
- Ich möchte mich jetzt nicht entscheiden. Ich sage dir Bescheid, wenn ich eine Entscheidung getroffen habe.

- Die Art, wie du mit mir sprichst, gefällt mir nicht. Ich werde das Gespräch jetzt beenden.
- Ich möchte nicht darüber reden.
- Ich bin nicht deiner Meinung.
- Ich habe keine Zeit dafür.

Schaffst du es die Grenze zu halten? Fühle dabei hinein, wie es dir geht und welche Widerstände sich in dir regen. Selbstverständlich kann je nach Situation und Gegenüber gemeinsam nach einem Kompromiss oder einer Lösung gesucht werden. Oder das „Nein" bleibt einfach so stehen, auch das ist in Ordnung.

HUMOR IST, WENN DU TROTZDEM LACHST ...

Ausnahmsweise zitiere ich einmal Wikipedia, weil die Beschreibung so wunderbar passt: Humor ist die Begabung eines Menschen, der Unzulänglichkeit der Welt und der Menschen, den alltäglichen Schwierigkeiten und Missgeschicken mit heiterer Gelassenheit zu begegnen. Der deutsche Komiker Karl Valentin bringt es noch deutlicher auf den Punkt: „Jedes Ding hat drei Seiten, eine positive, eine negative und eine komische."

Das Kernelement dabei wird in der Resilienzforschung als *Positive Grunderwartungshaltung* oder *Optimismus* beschrieben. Es bedeutet, sich nicht zu stark auf die vorhandene negative Seite einer Situation zu beziehen, sondern immer auch einen Blick auf die „bright side of life" zu werfen, wie es in dem Lied von Monty Python so schön heißt. Mit dieser inneren Haltung begegnen wir Abweichungen von unseren Vorstellungen wesentlich gelassener und sorgen für eine gesunde Fehlerkultur. Denn Fehler passieren jedem Menschen täglich, die innere Haltung dazu entscheidet, was sie für Emotionen in uns auslösen.

Humor ist in schwierigen Situationen eine emotionsfokussierte Bewältigungsstrategie. Er blendet dabei nicht die Schwierigkeit aus, sondern bezieht sie mit ein, um darüber zu schmunzeln oder zu lachen. Der Schrecken einer Situation bekommt eine gewisse Milde.

Wie ein Mensch selbst im Absurden und kaum Aushaltbaren mit Humor die Situationen versucht zu bewältigen, lässt sich in dem sehr berührenden Film „Das Leben ist schön" von Roberto Benigni nachvollziehen. Ein Vater schützt in diesem preisgekrönten Meisterwerk seinen Sohn so vor den Schrecken des Konzentrationslagers durch humorvolle Bewertungen und Einlagen.

Sarkasmus und Ironie können kurzfristig Stress abbauen, doch als wiederkehrende Muster ist es eine dysfunktionale Coping-Strategie, da sie mit einer Abwertung eines anderen Menschen einhergeht. Findet es als **fortwährendes** Programm statt, zeigen diese Themen auf, dass es sich lohnt, einen Blick nach innen zu werfen. Warum werte ich ab, was löst es in mir aus?

Entdecke deinen Humor wieder. Während Kinder in den kleinsten Dingen Fröhliches und Humorvolles finden, verlieren wir im Alter oft diesen Blickwinkel. Humor ist uns zu albern. Als vernunftgesteuerte, erwachsene Lebewesen haben wir für Albernheiten nun einmal wenig Zeit, oder? Um diese entspannende Art des Denkens wieder in unseren Alltag einkehren zu lassen, braucht es nicht viel. Heute Morgen schaute ich in den Spiegel und erschrak: Ich bin über Nacht einfach gealtert (was eventuell an diesem Buch lag, welches ich bis drei Uhr morgens geschrieben habe …). Tiefe Augenringe, dicke Tränensäcke und eine fahle, faltige Haut schauten mir entgegen. Ich streckte mir selbst die Zunge raus und sagte ernst zu meinem Spiegelbild: „Du siehst aus, als würdest du die Katapulte nach Gondor ziehen!" (wer den Film „Herr der Ringe" kennt, versteht den Satz). Anschließend musste ich selbst so laut lachen, dass ich mich verschluckt habe, was in einen weiteren Lachanfall mündete. Das ist sicher keine allgemeingültige Vorgehensweise, aber gibt dir einen kleinen Ausblick, wo die Möglichkeiten liegen, im Alltag die Unzulänglichkeiten „auf's Korn zu nehmen". Probiere es gerne aus, lache über das, wofür du dich schämst, finde den Witz in der Sache. Reime zu finden bietet sich ebenfalls gut an, „Ich bin fett und nett und schüttel meinen Speck" während du zur Musik wild durch das Wohnzimmer tanzt, wäre schon einmal ein kleiner Anfang.

Versuche ab und zu **über deine Genier-Grenzen** zu gehen. Das ist schwer, wirklich! Ich war vor langer Zeit auf einem Seminar, dort mussten wir eine Woche lang täglich etwas machen, das uns peinlich war. Wir sollten immer vor unserer Showeinlage das Wort „Performance" rufen und dann beispielsweise in der Kantine mit völlig unbekannten Leuten einen Purzelbaum machen oder auf den Tisch steigen und laute Jubelschreie von sich geben. Jeder durfte selbst kreativ werden, was er tat und wann er seine Idee umsetzte. Aber es musste natürlich vor Publikum sein. Nach dieser Woche waren sämtliche Genier-Grenzen gefallen. Ich erwische mich heute noch an den Gedanken daran, beispielsweise als ich letztens vor einem großen Publikum eine Rede halten musste und mein Puls hochging. „Jetzt bloß nicht stolpern oder stottern!!" waren meine Gedanken, das nächste Bild erschien in meinem Kopf, wie ich „Performance" rufe und mit Absicht über die Stufen stolpere. Ich musste grinsen und eine beruhigende Gelassenheit breitete sich aus. Das Gefühl „Fehler" zu machen, kenne ich doch und es ist gar nicht so schlimm, ich kann es sogar mit Humor nehmen!

Reise nach Absurdistan. Dir bereitet eine zukünftige Situation Kopfzerbrechen? Versuche sie einmal durchzuspielen, indem du völlig übertreibst, also alles noch schlimmer machst und dabei sogar ins Absurde gehst. Du hast Angst, die Prüfung mit deinem Hund nicht zu schaffen? Dann stelle dir vor, deine Hose rutscht runter und du steht jetzt in Unterhose vor der Prüferin. Oder dein Hund schmeißt im plötzlichen Überschwang die anderen Menschen um und leckt ihnen durch das Gesicht, während du dich in der Leine verfangen hast und hinterher hüpfst. Ein Fernsehsender, der gerade eine Reportage über Hundeprüfungen dreht, filmt alles. Das nennt man im Stresscoaching übrigens ein „bewusstes Katastrophieren". Durch die Überzeichnung zusammen mit ein paar humoristischen Einlagen entschärfst du in Gedanken stressige Situationen.

- **Versuche es einmal mit Humor als Abperl-Effekt.**
  „Mama, du bist mal wieder cringe!" (Jugendwort für peinlich, so etwas wie fremdschämen), „Ja mein Schatz, ich arbeite jeden Tag hart daran, den Cringe-Award erneut zu gewinnen!".
  „Na, du hast dich hier aber auch nicht gerade mit Ruhm bekleckert!"
  „Pssst, das hat bis auf dich noch keiner gemerkt!"

Häufig rechtfertigen wir uns bei (unsachlicher) Kritik, ungewollten Ratschlägen oder Beleidigungen. Eine andere Möglichkeit ist es, mit einem lockeren Spruch zu reagieren. Dabei ist es wichtig, nicht in den Gegenangriff zu gehen, sondern eher sich selbst vorzuführen. Die meisten von uns sind selten so schlagfertig, da kann es helfen, einen „Notfallkoffer" mit Sprüchen anzulegen. Vielleicht begegnen dir in Filmen oder im wahren Leben gute Kommentare, die du übernehmen kannst. **Humor schafft in solchen Fällen einen emotionalen Abstand zu der Botschaft deines Gegenübers.**

Lachen ist nicht nur gesund, es reduziert Stress und schärft eine passende positive Grundhaltung. Humor ist der Gegenspieler zum Perfektionismus, denn zukünftig kannst du über bestimmte Fehler vielleicht etwas mehr schmunzeln.

DEINE ZUFRIEDENHEIT IST DER SCHLÜSSEL ZUM GLÜCK

Viele Menschen äußern den Wunsch, mit sich und der Welt zufrieden sein zu wollen, häufig wird dabei das gewünschte Glück in Abhängigkeit von äußeren Umständen gesehen: „Ein Lottogewinn und ich wäre glücklich!" oder „Ein besserer Job und ich wäre zufrieden!". Auch wir Hundehalterinnen haben oft das Wunschbild einer harmonischen Mensch-Hund-Einheit vor Augen. Wenn sich doch nur endlich die Leinenführigkeit verbessern würde, wäre es erreicht. Oder wenn mein Hund doch nur aufhören würde andere Hunde anzupöbeln, dann wäre ich glücklich.

Tatsächlich zeigt die Forschung auf, dass emotionale Glücks- und Zufriedenheitszustände schnell wieder verschwinden und das Gehirn auf einen regulierten Normzustand schaltet. Dem Organismus ist immer daran gelegen, alle abweichenden Zustände schnell wieder auszugleichen, um nicht zu viel Energie zu verschwenden. Das ist schade, denn tatsächlich wird ein Mensch oder eine Mensch-Hund Beziehung in der Regel nicht langfristig glücklich, aufgrund eines einzigen erfüllten Wunsches. Stattdessen stellten die Forscherinnen fest, dass eine positive und zufriedene Einstellung **generell zum Leben**, ein Merkmal der Schlüssel zur Zufriedenheit ist. Das heißt also im Umkehrschluss, wenn ein Mensch eher eine negative Grunderwartungshaltung hat, wird sich auch durch die Erfüllung einzelner Wünsche, beispielsweise der Leinenführigkeit, nicht die gewünschte Zufriedenheit und Harmonie einstellen.

Eine positive innere Grundeinstellung ist also das Zaubermittel. Allerdings ist sie nicht so einfach herbeizuführen. Nur weil jemand zu dir sagt: „Sei doch einfach glücklich, du hast doch alles!", wirst du es nicht automatisch. Doch du hast einen Einfluss darauf und kannst an deiner Zufriedenheit arbeiten. Wie du dabei vorgehen könntest, beschreibe ich in dem kleinen Zufriedenheitscoaching am Ende des Kapitels. Vorweg möchte ich noch einmal aufzeigen, wieso diese Arbeit so wichtig ist, denn für eine Veränderung braucht es ein Motiv.

Mehrere durchgeführte Studien und Untersuchungen von Barbara Fredrickson und Steven Cole (2015, 2019) zeigten deutlich, dass sich die innere Grundeinstellung auf die Gesundheit des Menschen und sogar auf sein Genom (Zusammenfassung aller Gene) auswirkt. Menschen mit einer lebensbejahenden Einstellung zeigen verminderte Risikogene und damit verringerte Entzündungswerte. Gerade der letzte Punkt ist ein häufig verkörpertes Stresssymptom. Zwar gibt es auch akute Entzündungsprozesse, ausgelöst von Bakterien oder Viren, doch wirklich gefährlich werden langfristig die schleichenden Entzündungen. Also die Aussage: „Der Stress schlägt mir auf den Magen" verbunden mit immer wieder aufkeimenden Magenschleimhautentzündungen wäre so eine typische Verkörperung von Stress. Wir aktivieren mit einer negativen Grundhaltung leider auch unsere Risikogene, die mit Schlaganfällen, Herzinfarkten, Krebsleiden und Demenzerkrankungen im Zusammenhang stehen. Eine weitere Untersuchung von Cole zeigte zudem, dass eine prosoziale Lebenseinstellung ältere Menschen vor den Auswirkungen der Einsamkeit schützt. Ein Thema, welches mir auch immer wieder in der Arbeit mit unseren Therapiehunden des Deutschen Roten Kreuzes begegnet.

Selbstreflexion

Wie sieht es bei dir aus? Bist du generell zufrieden mit dir, deinem Leben, deinem Hund und mit euren Lebensumständen? Oder merkst du, dass du in der Tendenz eher unzufrieden bist (also nicht kurzzeitig, sondern bereits über einen längeren Zeitraum)? Machst du dein Glück und deine Zufriedenheit von bestimmten Themen abhängig?

Wenn die letzten beiden Punkte auf dich zutreffen, kann ich dir ein paar Tipps und Ideen mitgeben. Um deinen Blick für die Zufriedenheit zu schärfen, braucht es allerdings viele (tägliche) Wiederholungen, damit du das Datennetzwerk im Gehirn dahingehend ausbaust und empfänglicher für die Glücksmomente wirst. Sammelst du diese immer wieder in deinem Bewusstsein und rufst sie dir gelegentlich wieder hervor, sorgen sie in der Summe für ein glücklicheres und zufriedeneres Lebensgefühl. Das Gehirn arbeitet in dem Bereich leider etwas gegen dich. Denn es ist aus der Urzeit heraus noch darauf programmiert, eher negativen Eindrücken Aufmerksamkeit zu schenken, um dich vor Gefahren zu schützen. Zum Glück bist du dem aber nicht ausgeliefert, denn dein Denkorgan gleicht einem Muskel, den du trainieren kannst. Vielleicht braucht es etwas Zeit und auf dem Weg liegen ein paar Hürden, doch du hast einen guten Grund dran zu bleiben: deine Zufriedenheit!

Fangen wir mit der Definition des Wortes Glück an:

Glück ist die persönliche Art und Weise, wie Geschehnisse betrachtet und eingeschätzt werden.

Es kann auch in kleinen und selbstverständlichen Dingen das große Glück stecken. Wer Hunger leiden musste, freut sich über ein Essen, wer durch Krankheit lange Zeit bettlägerig war, empfindet Glück über die Sonnenstrahlen, die die Haut wärmen, und ein paar Schritte in der Natur. Wer einen Hund hat, dessen Ende naht, wird sich weniger über die fehlende Leinenführigkeit ärgern und dafür jeden Tag des Zusammenseins genießen. Glück liegt also im Auge der Betrachterin.

Fokussieren wir uns allerdings zu stark auf das Glück und machen uns davon abhängig, ob wir zufrieden sind oder nicht, kann es ins Gegenteil kippen (Iris Mauss, 2011). Die Enttäuschung wartet, wenn wir dem eigenen Anspruch nicht gerecht werden. So sollten Glück und Zufriedenheit in den kleinen Dingen im Alltag gesehen und der Blick dahingehend geschärft werden.

EXKURS: TOXISCHE POSITIVITÄT

Ist ein positives Denken nicht immer gut und ein wichtiges Ziel, um Glück und Zufriedenheit zu erreichen? Hier kann die Stressforschung mittlerweile ein klares Nein formulieren. Aus vielen Forschungsarbeiten geht hervor, dass eine übertrieben optimistische Denkweise sogar stressverschärfend ist. Dabei werden zwei Formen von toxischer Positivität unterschieden:

- der Mensch, der von innen heraus „angetrieben" wird, in allem nur das Gute zu sehen und das Negative auszublenden oder zu unterdrücken;
- der Mensch, der von seiner Umgebung diesen zwanghaften Optimismus erlebt und sich dadurch mit seinen Bedenken alleingelassen oder nicht ernstgenommen fühlt.

Typische Sätze sind: „Alles wird gut", „Ist nicht so schlimm", „Sieh' es doch positiv", „Du brauchst nur die richtige Einstellung dazu", „Du schaffst das schon", „Du hast doch alles, warum beschwerst du dich?", „Sei einfach glücklich, anderen geht es viel schlechter".

Zum Leben gehören Licht und Schatten, positive und negative Gefühle, Freude und Trauer. Werden die Schattenseiten unterdrückt, verstärken sie sich (Campbell-Sills, 2006). Wir fühlen uns nachfolgend gestresster und brauchen mehr Bewältigungsmechanismen.

Ein Verdrängen von negativen oder belastenden Situationen kann zwar kurzfristig helfen, doch wird man schnell wieder von der Realität eingeholt. Die Stressforschung spricht deswegen von einem realistischen Optimismus: Eine positive Grunderwartungshaltung hilft, doch darf sie immer einen Abgleich mit der Realität erfahren. Die dazugehörigen positiven und negativen Emotionen sollten ihr Gehör bei uns selbst finden, aber auch bei unserem Gegenüber. Es gehört zum Menschsein dazu, auch einmal am Ende mit den Nerven zu sein und Wut oder Trauer zu empfinden.

Schwierige Vorkommnisse halten oft ein großes Entwicklungspotenzial für uns bereit, doch nur, wenn wir sie ganzheitlich verstehen. In der Praxis kannst du dazu einmal die Geschichte mit Lilly betrachten, sie nutzt die Geschehnisse, um sich in ihrem Stresserleben anders aufzustellen. Wie wäre es wohl ausgegangen, wenn sie nur auf eine „Alles wird gut"-Mentalität in sich oder im Außen gestoßen wäre? Sie hätte sehr wahrscheinlich nicht die Chance zur Veränderung genutzt … bis zum nächsten Erlebnis, das sie wieder gestresst und ratlos zurücklässt.

Ein kleines Zufriedenheitscoaching

Beschreibe es möglichst genau: Was bedeutet Glück für dich? Wie fühlt sich Glück bei dir an? Wo in deinem Körper spürst du es?

Erinnere dich an einen glücklichen Moment in der letzten Zeit zurück und versuche erneut das Gefühl zu beschreiben. Konzentriere dich dabei auf deinen Körper und spüre hinein, lege deine Hand auf die Stelle, wo du die Empfindung fühlst.

Rufe dir viele Glücksmomente der Vergangenheit hervor. Du kannst sie in verschiedenen Kategorien deines Lebens einsortieren:

- Familie oder Freundinnen,
- bei der Arbeit,
- zusammen mit deinem Hund,
- bei deinem Hobby,
- in der Natur usw.

Nimm dir ruhig die Zeit und lege gerne eine Liste an. So festigen sich diese Momente weiter in deinem Gehirn. Vielleicht erkennst du auch einen roten „Glücks"faden und siehst, was du brauchst, um glücklich zu sein.

Nutze ein Glückstagebuch, wenn du möchtest. Schreibe möglichst jeden Abend die Momente des Tages auf, an denen du dich zufrieden oder glücklich gefühlt hast. Schreibe dazu gerne ein Verhalten oder eine Eigenschaft auf, die den Moment positiv beeinflusst hat. Beispielsweise: „Meine mutige Art hat mir heute geholfen, dass ich einen netten Menschen angesprochen habe und wir ein tolles Gespräch geführt haben." Oder auch: „Mein konsequentes Auftreten hat einen auf uns zulaufenden Hund verscheucht, mein Hund war beeindruckt und ruhig, er hat gemerkt, dass ich die Situation regeln kann."

Sammle freudvolle Momente in deinem Gedächtnis wie in einem Stickeralbum. Vielleicht hast du früher eines besessen und kannst dich noch an das Gefühl der Freude erinnern, wenn du einen passenden Sticker bekommen hast. Visualisiere dein persönliches Lebens-Stickersalbum in deinem Kopf. Male es dir so gut es geht aus, ist es groß und schwer oder klein und leicht, wie sind die Farben, wie die Seiten beschaffen, klebt man die Sticker rein oder sind es kleine Hüllen, in denen du sie abheftest? Immer, wenn du am Tag einen Moment des Glücks, der Zufriedenheit oder der Freude hast, hefte ihn gedanklich in dein Album. Dieses Visualisieren ist im Coaching ein sehr machtvolles Instrument und wird häufig angewendet, um Veränderungen herbeizuführen. Denn im Gegensatz zu unseren Hunden können wir in Gedanken Situationen immer wieder durchspielen und hervorrufen. Mit allen Emotionen, die dazugehören. Das kann auf der einen Seite belastend sein (negatives Gedankenkarussell), doch wenn es passend eingesetzt wird, ist es bereichernd und hilft sehr.

Rede über deine schönen Momente! Wir sind soziale Lebewesen und brauchen tief im Herzen den Austausch mit passenden (!) Menschen, die uns wertschätzen. Genau diesen darfst du deine Glücksmomente erzählen. Sie werden sich mit dir freuen. So schlägt die Freude Wurzeln in dir und deine Sicht auf die Dinge wird sich nach und nach verändern und verzweigen.

Gönne dir täglich etwas Gutes. Vielleicht hast du an der Glückliste oder anhand des Tagebuchs bereits erkannt, was dir guttut. Sorge selbst dafür, deine kleinen Freuden zu erhalten. Plane dafür

Zeit am Tag ein: nur für dich und für deine Seele. Diese Selbstfürsorge ist ein wichtiges Stressmanagementwerkzeug. Oft legen Menschen erst eine Pause ein, wenn der Stress bereits alle Ressourcen verbraucht hat. Wie vor einer Ziellinie eines langen Laufs rettet man sich mit letzter Kraft ins Ziel. Die Regeneration dauert danach wesentlich länger und muss viel intensiver sein, als nach kleineren Strecken. Es ist für deinen kompletten Organismus zielführender, wenn du mehrfach am Tag etwas tust, was dir guttut und dir Kraft schenkt. Lade deinen Ressourcen-Akku mehrfach am Tag auf, nicht erst, wenn er rot ist.

Gönne einem anderen Menschen etwas Gutes. Neue neurobiologische Forschungen zeigen, dass unsere Lebenszufriedenheit signifikant steigt, wenn wir aktiv und direkt anderen Menschen helfen. Es ist tief in unser Erbgut eingebrannt und schenkt eine Sinn-Befriedigung. Dabei ist es wichtig, dass du das freiwillig und gerne tust, sonst ist die Wirkung nicht vorhanden. Vielleicht bist du bereit für ein Ehrenamt?

Es wird Tage geben, da ist dir nicht nach Freude zumute. Es gibt Schicksalsschläge und Probleme, die einen runterziehen. Um deine Sicht langfristig auf das Glück zu richten, darfst du durchaus Pausen machen, doch versuche wieder zurückzufinden. Und wenn es nur die wunderschöne Blume am Straßenrand ist, die dich erfreut oder ein Betrachten deiner gedanklichen Sammlung an wunderschönen Momenten. Die Summe bildet das Glück.

Ich persönlich färbe mir **manchmal** meine kleine Welt ein wenig schöner, wohl wissentlich, dass es nicht der Realität entspricht. Es ist so einfach angenehmer in ihr zu leben. Mein Hund hat sicher heute nur einen schlechten Tag, weswegen der Rückruf nicht so gut geklappt hat, mein Mann hat wirklich viel Stress bei der Arbeit und konnte aus dem Grund nicht im Haushalt helfen und die Kinder meinten die pampige Antwort auch nicht so, es sind sicher die Hormone … Für eine Studie (2002, Halford, Keefer, & Osgarby) sollten Paare eine Woche lang Tagebücher über ihre gemeinsamen Erlebnisse führen. Nach einiger Zeit wurden die Erinnerungen an die Erlebnisse abgefragt, ohne dass die Paare noch einmal in das Tagebuch schauen durften. Glückliche Paare gaben mehr positive Ereignisse an und beurteilten die negativen realistisch oder relativierten sie („… sie hatte einen langen Arbeitstag, es ist verständlich, dass sie genervt war"). Unglückliche Paare unterschätzten die positiven Erlebnisse und gaben den negativen mehr Raum. Ein bisschen Schönfärberei, ohne jedoch die eigenen Bedürfnisse zu vernachlässigen, kann zur Zufriedenheit beitragen und ist nicht verboten.

HINWEIS

Vorsicht! Psychische Krankheiten wie Depressionen hemmen neurobiologisch das Empfinden von Freude, Zufriedenheit und Glück. Falls du darunter leidest, denke an den Anfang des Buches: Nimm das mit, was du brauchst und derzeit leisten kannst. Suche dir eine medizinisch oder therapeutisch passende Begleitung. Ich weiß, wie belastend die schwarzen Wolken sein können, wie einsam und unverstanden man sich fühlen kann, doch gebe nicht auf, versuche es kleinschrittiger und nimm dich an die Hand wie eine gute Freundin. Was würdest du deiner lieben Freundin in dieser Situation raten?

DEINE DUNKLE SEITE: NEID UND MISSGUNST

In dem letzten Stresscoaching sagte ein Mensch: „Ich bin ein sehr friedfertiger Mensch, ich empfinde niemals Neid, Gier oder Missgunst." Wie authentisch und echt empfindest du diese Aussage? Ist es der

Wunsch oder ist es die Wirklichkeit? Vor allem hat mich das Wort „niemals" aufhorchen lassen, denn immer, wenn es um einen Absolutismus geht, steckt mehr dahinter. Zum Beispiel der Wunsch, dass es so ist, und damit verbunden der Stress, wenn es nicht so ist, weil der Alltag diesen fest verankerten Satz nicht zulässt. Zu dem Thema der empfundenen Wirklichkeit kommen wir in diesem Buch noch, doch eines sei vorweggenommen: Jeder lebt in seiner eigenen Wirklichkeit und Wahrnehmung. Wenn ein anderer Mensch etwas ändern möchte und mir den Beratungsauftrag erteilt, geht es nicht darum, ihm meine Wirklichkeit aufs Auge zu drücken, sondern ihm seine Wahrnehmung aus verschiedenen Blickwinkeln aufzuzeigen. Ein Blickwinkel war: Neid, Gier und Missgunst gehören zum Menschen genauso dazu, wie Freude, Liebe und Glück.

Manche von uns haben gelernt, dass es schlechte Denkweisen sind, und so werden sie vehement unterdrückt. Auch alte Rollenbilder, die immer noch in unseren Köpfen wirken, befeuern dieses Thema. So kann es sein, dass Neid unter Männern zu Ehrgeiz führt, während Neid bei Frauen als negativ und abwertend gesehen wird. Doch alles, was unterdrückt wird, obwohl es vorhanden ist, kommt irgendwann an die Oberfläche. Manchmal merken wir es in Form von körperlichen Symptomen, manchmal an unserer mentalen Verfassung, wir sind dann schneller genervt und gestresst.

Die „dunkle Seite der Macht" birgt in Wirklichkeit etwas Positives: sie trifft eine Aussage über uns, sie hat die „Macht", einen besseren Kontakt zu uns selbst herzustellen und unsere Bedürfnisse herauszufinden. So können wir uns wesentlich besser nach ihnen richten, was zu mehr Lebensqualität führt. Neid macht sogar evolutionsbiologisch Sinn, denn auf den Punkt gebracht sorgt Neid für Wettbewerb und beflügelt die Weiterentwicklung der Menschheit.

Doch kommen wir wieder zum Individuellen. In der Geschichte am Anfang mit Lilly gibt es ebenfalls eine Passage, in der Neid bei ihr zu mehr Stress führt. Sie empfindet ihn, wenn sie an die bunten Bilder und Videos in den sozialen Medien denkt. Dieser **inszenierte Perfektionismus** fällt besonders dann auf fruchtbaren Boden, wenn es bei einem selbst nicht so läuft, wie man es sich wünscht. Das Gefühl „bei allen anderen klappt es, außer bei mir" kann sehr belastend sein. Je mehr wir in diesem Gefühl hängen, desto weniger können wir einen anderen Blickwinkel einnehmen. Nämlich den der Inszenierung und des Marketings: Erkennen wir, dass die tollen Videos nur einen Aspekt abbilden und dass es hinter den Kulissen gar nicht immer so aussehen kann, richten die Bilder viel weniger in uns an. Jedes gute Marketing arbeitet mit Manipulationstechniken, häufig wird unser Unterbewusstsein angesprochen, um Begehrlichkeiten zu wecken. Blicken wir hinter diesen Vorhang, sind wir weniger manipulierbar!

Neid kann uns aktivieren und zu Höchstleistungen anspornen. Vor allem, wenn wir ein gutes Selbstbewusstsein, Selbstwertgefühl und eine Selbstsicherheit besitzen. Sind diese Punkte nicht passend ausgebaut, kann Neid in Missgunst umschlagen und je nachdem langfristig für eine Negativ-Gedankenspirale sorgen: „Allen geht es gut, nur mir nicht, dabei haben die es gar nicht verdient!" Der Rückkopplungseffekt bei diesem Gedankengut wiegt schwer, denn andere Menschen spüren die Missgunst und positiver Kontakt verringert sich.

Trainieren wir uns also darin, unsere Werte zu kennen, uns selbst Sicherheit zu geben und ein Bewusstsein für unsere Bedürfnisse zu entwickeln, wird aus Neid ein Antrieb und aus Missgunst wird die Kunst zu Gönnen.

Coachingtipp

Dabei können dir diese Fragen eine erste Brücke sein:

- Welche Fähigkeiten besitzt du?
- Welche Hürden hast du bereits genommen und erfolgreich überwunden?

- Welche Stärken machen dich aus?
- Und welche Schwächen kannst du bei dir selbst akzeptieren?

Wenn du auf eine andere Person und deren Lebensentwurf schaust: Was kannst du wohlwollend anerkennen? Was würde auch zu dir, deinen Werten und deinem Alltag passen? Und was ist für die andere Person wunderbar, aber wäre nichts für dich?

In dem nächsten Kapitel geht es um weitere Aspekte, die dich davor schützen, dass die dunkle Macht zu stark in dir wird, junger Skywalker.

DANKBARKEIT, DEMUT UND EHRFURCHT – DIE DREI MÄCHTE DER MENSCHLICHKEIT

Ich kann mich daran erinnern, wie ich vor vielen Jahren mit meinem Hund einen intensiven Gänsehautmoment erlebte. Es war beim Mantrailing und an dem Punkt, als ich nicht mehr darüber nachdachte, wie ich die Leine halte oder was mein Hund mir zeigt, sondern mich vertrauensvoll führen ließ, ein Art Flow-Zustand breitete sich in meinem Gehirn aus. Der Trail war lang und mein Hund suchte akribisch. Es war eine schwierige Suche für ihn und der Fundort des versteckten Menschen war der Kofferraum eines verschlossenen Autos. Mein Hund blieb davor stehen und ich fragte verwundert: „Echt jetzt, im Kofferraum?“, als dieser sich plötzlich öffnete und die Versteckperson (anscheinend ohne Platzangst) hinausstieg, um meinen Hund zu belohnen. Ich hatte am ganzen Körper eine Gänsehaut. Ich spürte Ehrfurcht vor der Leistung des Hundes. Wahrscheinlich auch verschärft durch einige Bilder, die ich durch Krimis oder in den Nachrichten gesehen habe, theoretisch hätte mein Hund jetzt eine Entführung verhindert, wenn es ein realer Einsatz gewesen wäre. Wow!

Die nachfolgenden Tage merkte ich bei mir selbst einen veränderten Umgang mit dem Hund. Ich war dankbarer, zugewandter und offener. Als ich mich eines Abends mit einer Freundin über die schwierigen Verhaltensweisen unserer Hunde unterhielt, bemerkte sie, dass sich einiges geändert haben muss, ich würde viel milder darüber sprechen. Ich dachte nach. Ich konnte es tatsächlich an diesen Moment des Ehrfurchtes festmachen, der mein Denken und Fühlen anders werden ließ.

Auch wenn diese Geschichte nur im Kleinen stattfand, zeigt das Gefühl von Ehrfurcht das Potenzial auf, etwas verändern zu können. Forscherinnen haben lange einen großen Bogen um diese Emotion gemacht, sie schien zu komplex und schwer einsortierbar. Andere Gefühle sind in ihrer Daseinsberechtigung einfacher zu beschreiben: Die Freude treibt uns an, die Angst warnt uns vor Gefahren, die Wut lässt uns etwas Wichtiges verteidigen, insgesamt sichern die inneren „Alarmglocken" unser Überleben und unsere Fortpflanzung, sie machen Sinn. Doch was bewirkt die Ehrfurcht?

Goethe schrieb 1821 in seinem Roman *Wilhelm Meisters Wanderjahre*: „… aber eins bringt niemand mit auf die Welt, und doch ist es das, worauf alles ankommt, damit der Mensch nach allen Seiten zu ein Mensch sei: Ehrfurcht!"

Die Ergebnisse der Forschungen der letzten Jahre bestätigen es, die Ehrfurcht verändert die Selbstwahrnehmung, verringert egoistische Gefühle und sorgt dafür, die eigenen Bedürfnisse zugunsten anderer zurückzustellen. Das Team des Psychologen Dacher Keltner ließ in einer Versuchsreihe die Probandinnen an ehrfürchtige Momente zurückdenken, danach wurden verschiedene Tests gemacht: Sie zeichneten sich selbst plötzlich kleiner, selbst die Unterschrift schrumpfte, auf andere Menschen wirkten sie nachfolgend bescheidener und höflicher. Neugierde, Kreativität und Hilfsbereitschaft stiegen an. Sie gaben zu Protokoll, sich ausgeglichener und zufriedener zu fühlen. Keltner und sein Team kamen auf zwei Auslöser dieses Gefühls: 1. die Wahrnehmung von etwas Großem, Weitem, Mächtigem und 2. die damit verbundene Herausforderung, dieses mental zu verarbeiten. Wer einmal einen Himmel voller Sterne in einer klaren Nacht ohne Lichtverschmutzung sehen konnte, wird dieses Gefühl sicher kennen.

Die Wissenschaft ist sich einig, Ehrfurcht hat den Menschen einen Selektionsvorteil gebracht, weil wir dadurch uns besser in Gruppen einfügen, uns selbst nicht zu wichtig nehmen und prosoziales Verhalten zeigen. Man könnte sagen, dass die Ehrfurcht uns zu besseren Menschen macht, sie ist eine Friedensstifterin. Vor allem öffnet sie den Raum für die Dankbarkeit, die gerne auch als Hüterin der Wertschätzung bezeichnet wird und eine Gegenspielerin des Stresshormons Cortisol ist. Sie kann sogar das Gehirn verändern und gilt als eine Therapiemöglichkeit, depressive Menschen zu unterstützen. Je häufiger der „Dankbarkeitsmuskel“ im Gehirn trainiert wird, desto stärker wird er. Vieles Selbstverständliche gibt uns die Möglichkeit, dankbar zu sein: ein Dach über dem Kopf, im Warmen sitzen, trinkbares Wasser aus der Leitung, ein voller Kühlschrank …

Dankbarkeit öffnet wiederum den nächsten Raum: für die Demut! Wird dir bewusst, für was du alles dankbar sein kannst, macht es dich demütiger. Ich erlebe es gerade live bei meinem Sohn, der mit seinen 16 Jahren für ein Jahr ins Ausland nach Mexiko gegangen ist. 365 Tage ohne seine Familie, eine wahre Schulung in Selbstwirksamkeit und Anpassung! Die vielen Tiefen und das eigene Vermögen, sich wieder in die Höhe zu arbeiten, ist ein Stahlbad für die Resilienz. Doch statt „Größenwahn“ folgte Dankbarkeit und Demut. Wie gut wir es doch in Deutschland haben und wie gesegnet er mit seiner Familie ist, waren die Gedanken, die tiefe Gefühle auslösten und ihn veränderten.

Um die Wirkung des Gefühls-Dreigestirns noch einmal in Worte zu fassen, bediene ich mich einer Nachricht des Astronauten Alexander Gerst, der als Kommandant ein Jahr im Weltall auf der ISS war. Er schickt sie als Videobotschaft an seine Enkelkinder auf die Erde. Das Ereignis der Geburt (Dankbarkeit), die Sicht auf das Weltall (Ehrfurcht) und die lange Zeit ohne familiären Anschluss (Demut) lässt sich in jedem seiner Worte finden:

„... Und wenn ich so auf den Planeten runter schaue, denke ich, dass ich mich bei euch wohl leider entschuldigen muss. Im Moment sieht es so aus, also ob wir – meine Generation – euch den Planeten nicht gerade im besten Zustand hinterlassen werden. Im Nachhinein sagen natürlich viele Leute, sie hätten davon nichts gewusst, aber in Wirklichkeit ist es uns Menschen schon sehr klar, dass wir im Moment den Planeten mit Kohlendioxid verpesten, dass wir das Klima zum Kippen bringen, dass wir Wälder roden, dass wir die Meere mit Müll verschmutzen, dass wir die limitierten Ressourcen viel zu schnell verbrauchen und das wir zum Großteil sinnlose Kriege führen.

Jeder von uns muss sich da natürlich an die eigene Nase fassen und überlegen – wohin das grade führt. Ich hoffe sehr für euch, dass wir noch die Kurve kriegen und ein paar Dinge verbessern können. Und ich würde mir wünschen, dass wir bei euch nicht als die Generation in Erinnerung bleiben, die eure Lebensgrundlage, egoistisch und rücksichtslos, zerstört hat. Ich bin mir sicher, dass ihr die Dinge inzwischen sehr viel besser versteht als meine Generation und wer weiß, vielleicht lernen wir ja auch noch was dazu."

Rosinenpause

Vielleicht ist es jetzt ein guter Zeitpunkt für eine Rosinenpause:
Wofür bin ich am heutigen Tag dankbar?
Wofür bisher in meinem Leben?
Und wofür möchte ich in 30 Jahren dankbar sein?

ENTSPANNUNG VS. GELASSENHEIT: DEINE ZWEI STRESSREGULATOREN

Wünscht ein Mensch sich eine Veränderung in seinem Stresserleben, gibt es häufig zwei große Missverständnisse. Das erste: „Stress sollte möglichst vermieden werden." Das zweite: „Es ist immer eine Frage der Entspannung nach dem Stress, wie gut wir mit den nächsten Widrigkeiten umgehen können." Als kurzfristige Management-Maßnahmen mögen diese Einstellungen noch sinnvoll erscheinen, doch wenn du langfristig etwas an deinem Stresserleben ändern möchtest, ist es viel nachhaltiger, an deiner inneren Haltung zu arbeiten. Aus einer gelassenen Haltung heraus mildern sich alle Stressreaktionen nicht nur ab, sie treten viel weniger auf. Ich vergleiche es gerne mit einem Akku, der dir die nötige Energie schenkt, um deinen Alltag zu bestreiten. Durch ein paar Entspannungseinheiten **kann ein Alltags-Akku wieder aufgeladen werden:** ein Spaziergang mit deinem Hund, ein Gespräch mit Freundinnen, einfach mal nichts tun und in die Ferne schauen, Yoga, eine Tasse Tee trinken etc. Doch je gelassener du im Denken, Handeln und Fühlen wirst, desto länger halten die Energiereserven.

In einem Stresscoaching frage ich oft nach, wann wohl der eigene Akku aufgeladen werden muss: bei Grün (80-100 % voll), bei Gelb (60-80 %), bei Orange (30-60 %) oder bei Rot (0-30 %). Manche antworten sie würden bei Rot aufladen, die meisten bei Orange. Nur wenige sehen bei Gelb den Bedarf. Dabei besteht hier noch die beste Möglichkeit, mit nur wenig Aufwand wieder auf Grün zu kommen. Aus dieser Sicht heraus solltest du an vielen Stellen eines Tages dir kleine „Akkuaufladestationen" einrichten.

Um den bestmöglichen und größten Akku zu besitzen, ist jedoch deine Gelassenheit ausschlaggebend. Hier spielen alle Resilienzfaktoren hinein und es geht an die Wurzel deines Stressempfindens. *Also genau das, was du auf jeder einzelnen Seite in diesem Buch findest.* Lege dir gerne eine Prioritätenliste an:

Woran möchtest du an erster Stelle arbeiten und was bringt dir den größten Mehrwert? Was ist zwar wichtig, aber darf noch etwas warten?

Eine mögliche Liste kann so aussehen:

- Prio 1 Ein feineres Gespür dafür bekommen, wann mich etwas aufregt (Selbstwahrnehmung), damit ich früher in meine Prozesse eingreifen kann.
- Prio 2 Selbstakzeptanz. Mich mehr darin üben, meine Gefühle und Empfindungen zu akzeptieren, statt mich darüber aufzuregen.
- Prio 3 Humor ausbauen. Nicht alles so ernst nehmen, Fehler dürfen passieren.
- Prio 4 Ein Dankbarkeitstagebuch schreiben, damit ich mehr die kleinen Momente schätzen lerne (vor allem mit meinem Hund).
- Prio 5 Meine Werte kennenlernen und prüfen, so kann ich sie besser kommunizieren und danach leben (Sinnerleben).
- Prio 6 Meine Ziele mit meinem Hund neu und klarer definieren.
- Prio 7 Mich darin üben, andere Meinungen zu akzeptieren und nicht alles persönlich nehmen.
- Prio 8 Achtsamer zu werden, mehr im Hier und Jetzt zu sein, statt mich in vergangenen („kann ich nicht mehr ändern“) oder zukünftigen („kommt vielleicht ganz anders“) Situationen zu verlieren.
- Prio 9 Selbstfürsorge: mehr für mich tun und wissen was mir gut tut.
- Prio 10 Meine Grenzen erkennen und für sie einstehen.

Versuche immer, eine kurze Überschrift zu finden und danach in die Details zu gehen. Oft bleiben Überschriften und prägnante Sätze eher in unserem Gedächtnis. Wenn es für dich passt, hänge die Liste als kleine Erinnerung an einen gut sichtbaren Ort.

ACHTSAMKEIT VS. MULTITASKING: DEINE MÖGLICHKEIT ZUR FOKUSSIERUNG

Die meisten von uns kennen es: völlig überladen mit Planungen, Erledigungen und Terminen zu sein und das Gefühl, einfach nicht fertig zu werden. Eine Teilnehmerin des letzten Stresscoachings wollte diesen Zustand verändern und sich auf der Arbeit neu organisieren. Sie setzte klare Grenzen, lernte das „Nein sagen" ohne schlechtes Gewissen und merkte, dass es ihr guttut, wenn sie die einzelnen Aufgaben mit voller Konzentration erledigte, statt alles irgendwie gleichzeitig. Sie freute sich über ihre neue Vorgehensweise. Bis ihre Chefin im vorwurfsvollen Ton fragte: „Bist du eigentlich nicht multitaskingfähig?"

Anscheinend wusste ihre Chefin nicht, dass eine Mitarbeiterin wesentlich leistungsfähiger ist, wenn sie **nicht** Multitasking betreibt. Langfristig führt dieses Modell sogar zur Stressdemenz, eine besondere Form der „Vergesslichkeit", das bedeutet die Produktivität und Qualität nehmen ab. Hinzu kommt eine mentale Erschöpfung, die nach einiger Zeit in einen höheren Krankenstand mündet. So ist Multitasking kein wünschenswerter Zustand, viel eher sollte ein genaues Auge auf das Gegenteil geworfen werden: den achtsamen Umgang mit sich selbst und den einzelnen Herausforderungen im Alltag. Im Zuge des ganzheitlichen Betrachtens möchte ich noch anmerken, dass einige Untersuchungen aufzeigten (Hafenbrack und Vohs, 2018), dass Achtsamkeitsübungen die Leistungsmotivation (Ehrgeiz) reduzieren. Hier würde ich als Stresscoach deutlich sagen: Ein zufrieden arbeitender Mensch mit einem geringen Krankenstand, der sich gerne bei der Arbeit einbringt und auf sein Umfeld achtet, wäre in manchen Bereichen sicher die bessere Wahl, als ein ehrgeizig gestresster Mensch mit viel Ellenbogeneinsatz. Sicher gibt es auch hier einen gesunden Mittelweg!

Doch was genau ist eigentlich diese „Achtsamkeit"? Viel wird darüber berichtet und sie scheint ein wahres Wundermittel zu sein. Ich persönlich finde es eher ein **sehr natürliches** in uns fest verankertes Handeln und Denken. Unsere Hunde leben uns dieses im Hier-und-Jetzt-Sein sogar vor. Im Prinzip kann *die Achtsamkeit mit einer besonders intensiven Form der Aufmerksamkeit* beschrieben werden. Um deinen Alltag gut zu überstehen, hilft es dir, aufmerksam bei der Sache zu sein. Aus diesem Grund sind einige Ablenkungen, wie beispielsweise beim Autofahren auf das Handy schauen, mittlerweile sogar verboten. Zu hoch ist das Risiko, durch die Ablenkung einen Unfall zu verursachen. Achtsamkeit geht noch tiefer als die Aufmerksamkeit, *sie bedeutet mit allen Sinnen und dem Bewusstsein über alle Empfindungen im Moment zu sein.* Ein aufmerksamer Mensch, der weit entfernt von Multitasking ist und in seiner Mitte ruht, braucht sich über Achtsamkeitsübungen keine Gedanken zu machen, er lebt einfach im Moment und zeigt laut Studien eine höhere Zufriedenheit. Doch die meisten von uns haben ihr Gehirn, dank der Neuroplastizität, bereits an unsere schnelllebige Zeit angepasst. Wir haben verlernt, uns auf das Hier und Jetzt gänzlich einzulassen. Unsere Gedanken sind immer einen Schritt voraus und wir planen bereits das Nachher, während wir noch das Vorher verarbeiten.

Das ist nicht nur ein Thema in der Arbeitswelt. Auch bei unseren Hunden führt die fehlende Fokussierung zu negativen Konsequenzen. Bei Lilly ist klar zu erkennen, dass Leo mitbekommt, dass seine Anfragen nach Orientierung und Führung ins Leere laufen. Zu sehr ist sein Mensch mit Gedankengängen beschäftigt, zu wenig fokussiert auf das Wesentliche. Passiert es nur gelegentlich, wird es vermutlich keine starken Auswirkungen haben. Befindet sich der Mensch aber generell in einem Strudel des mentalen Überladens, kann es sich sogar negativ auf das Gehirn auswirken. Lern- und Entwicklungsprozesse verlangsamen sich deutlich.

HINWEIS
So gut sich das Thema des achtsamen Umgangs auch liest, es gibt Menschengruppen, die eine andere Herangehensweise brauchen. So kann die Konzentration auf den Moment und den eigenen Empfindungen bei einer Angststörung die Symptome verstärken. Es bedarf eines gewissen Fundaments, mit sich selbst und der Situation in einen tieferen Kontakt zu treten. Auch neurodiverse Menschen, die viele Reize gleichzeitig wahrnehmen und nicht alle passend regulieren können, fühlen sich eventuell durch Achtsamkeitsübungen unter Druck gesetzt. Sie brauchen die Strategie der Ablenkung, um Reize zu verarbeiten. Auch ein Trauma kann ein dysreguliertes Nervensystem erzeugen, das sich schwer tut mit Konzentration und Aufmerksamkeit. Hier braucht es wieder ein individuelles und kleinschrittiges Vorgehen.

Möchtest du etwas an dir ändern? Vielleicht alte Gewohnheiten, von denen du merkst, dass sie dir nicht guttun, oder du hast beim Lesen bei dir stressfördernde Gedankenmuster erkannt, die dich immer wieder in die gleiche unschöne Situation bringen. Eine Veränderung startet immer mit der Achtsamkeit. Denn nur, wenn frühzeitig vor dem Eintreten des gewohnten Verhaltensmusters bereits die Signale und Vorboten wahrgenommen werden, kann noch bewusst eingewirkt werden. Dafür braucht es ein achtsames Vorgehen, ein Hineinhorchen und die Ehrlichkeit sich selbst gegenüber. Die Übungen gehen oft einher mit Akzeptanz und Annahme seiner Gefühle und Empfindungen. Ein weiterer wichtiger Faktor, um seinen eigenen Stress zu reduzieren, denn oft sind wir wütend über unsere Wut oder haben bereits Angst vor unserer Angst, so potenzieren sich Stresszustände. Die Annahme unserer Empfindungen wirkt dem aktiv entgegen.

Je häufiger du achtsam bist, desto mehr wird dein Gehirn in diese Richtung ausgebaut. Du wirst dadurch immer gelassener mit Widrigkeiten umgehen können, denn du handelst bewusster und durchbrichst dadurch alte Verhaltensmuster.

Wenn du mit einem Training zu mehr Achtsamkeit beginnen möchtest, empfehle ich dir die „Mindfulness Based Stress Reduction“ von Prof. Dr. Kabat-Zinn. Es ist eine gut untersuchte Methode, die weltweit anerkannt wurde und auch gut zu Hause durchführbar ist. Die Kernelemente sind:

- Der Bodyscan zum Hineinfühlen und Wahrnehmen aller Empfindungen.
- Die Gehmeditation zum Erden und Ankommen in der Bewegung.
- Achtsame Bewegungsübungen aus dem Yoga-Bereich (ich empfehle an dieser Stelle das langsame Yin Yoga).
- Die Sitzmeditation mit Atemübungen.
- Achtsamkeitsübungen im Alltag (beispielsweise ganz bewusst morgens den Kaffeebecher aus dem Schrank holen, jede Bewegung und Empfindung dabei wahrnehmen, ohne zu urteilen).
- Reflexion der eigenen Verhaltensmuster mit dem Fokus auf neue hilfreiche Verhaltensweisen.

Eine Idee für mehr Achtsamkeit möchte ich vor allem den Menschen mit Hunden weitergeben – wir haben ja das große Glück, wesentlich häufiger in der Natur zu sein. Ein Umstand, der nachweislich gesund hält und sogar eine therapeutische Wirkung haben kann (in der passenden Umgebung mit der passenden Gedankenwelt). Hast du schon einmal Pilze im Wald gesammelt? Dieses fokussierte Absuchen des Bodens bei bester Waldluft und die Freude, wenn ein Pilz gefunden wird. Es gibt keine bessere Achtsamkeitsübung als das Suchen von kleinen Objekten in der Natur. Das lässt sich auf andere Monate ausweiten, beispielsweise eine vierblätterige Kleeblattsuche im Frühling/Sommer, oder Steine in Herzform am Strand, besondere Muscheln, essbare Wildkräuter, Kastanien und Hagebutten auf einem Spaziergang, selbst im Winter gibt es noch allerlei in der Natur zu entdecken. Neben Essbarem (Schlehen, Nüsse, Zapfen) auch viele magische Momentaufnahmen. Der erste Frost formt oft tolle Bilder. Wer seinen Blick für die Feinheiten der Natur schärft, wird automatisch bei jedem Spaziergag achtsamer und dadurch entspannen und regenerieren. Eine Pause von der Hektik im Alltag!

Und dann muss man ja auch noch Zeit haben, einfach da zu sitzen und vor sich hin zu schauen.

ASTRID LINDGREN

DEIN GLAUBE HILFT – DAS WUNDER DES PLACEBOEFFEKTS

Jetzt kommen wir zu einem Bereich, bei dem sich gerne die Geister scheiden und es viel Diskussionspotenzial gibt. Zur Homöopathie (bitte nicht verwechseln mit der Pflanzenheilkunde!), Esoterik und anderen alternativen Verfahren. Manche Menschen schwören darauf und haben viele Beispiele parat, bei denen es eine Wirkung gab, andere, eher fakten- und wissenschaftsorientierte Menschen, schütteln bei dem Thema nur den Kopf. Denn es gibt bisher keine nachgewiesene Wirkweise, die über den Placeboeffekt hinausgeht.

So könnte ich es jetzt stehenlassen, damit ist eigentlich alles gesagt. Eigentlich …, denn das wirklich unglaublich Interessante dabei ist der **Placeboeffekt** (lat. „Ich werde gefallen"). *Nachgewiesen entsteht mit diesem Glauben eine Wirkweise im Körper.* So kann allein durch die Kraft der Vorstellung und der bewusst gewählten Worte das Empfinden beispielsweise bei Schmerzpatientinnen beeinflusst werden. Selbst im Gehirn sind die Auswirkungen nachweisbar (Rainville et al., 1997; 1999; Charms et al., 2005). Voraussetzung für den

Effekt ist eine positive Erwartungshaltung, die oft von einem vertrauensvollen Menschen beeinflusst wird, der zu einem bestimmten Mittel oder Verhalten rät. Allein das Gefühl, bei einem Fachmenschen zu sein, der eine Lösung verspricht, verändert bereits die Haltung der Ratsuchenden. Beeinflusst dein Glaube ein dir nahestehendes Lebewesen positiv, spricht man von dem Placebo-by-proxy-Effekt. So kann dein Hund subjektiv eine Verbesserung seiner Leiden zeigen, obwohl das Mittel keine nachgewiesene Wirkung hat.

Das einzige Problem an diesem so wunderbaren Effekt ist die fehlende Vorhersagbarkeit der Wirkung. So hängt vieles von der Überzeugungskraft des „Heilsbringers“ ab und dem „Glauben wollen“ des Gegenübers. Keiner kann dich zu einem Glauben zwingen und wenn du dich einmal dazu entschieden hast, weniger manipulierbar zu sein, hat es dieser Effekt wirklich schwer mit dir. Trotzdem möchte ich hervorheben, dass deine Überzeugung von etwas viel Gutes bewirken kann, von der Aktivierung von Selbstheilungskräften bis hin zu einer positiv gestimmten Erwartungshaltung. Eine Therapie ohne den Glauben an die Wirkung zeigt wesentlich weniger Erfolg als umgekehrt.

Eine Medaille hat immer zwei Seiten, die andere Seite heißt in diesem Fall „Nocebo-Effekt“ (lat. „Ich will schaden“). So können trotz eines Scheinmedikaments ohne Wirkung die Nebenwirkungen auftreten, wenn vorher der Beipackzettel gelesen wurde. In der Schweiz wurde 2012 etwas Interessantes beobachtet. 34 Menschen wurden mit Vergiftungssymptomen ins Krankenhaus eingeliefert, weil ein Anthrax(Milzbranderreger)-Anschlag kommuniziert wurde. Die Symptome waren real, der Stoff hingegen stellte sich als ungefährliches weißes Pulver heraus. Die Wissenschaft und die Medizin haben bereits länger diesen Effekt im Auge, da die Erwartungshaltung eines Menschen entscheidend darüber ist, wie Medikamente wirken. Ein wissenschaftlich gut untersuchtes Medikament zur Magensäurehemmung

(Proglumide) verlor beispielsweise komplett seine Wirkweise, wenn die Patientin eine negative Einstellung dazu besaß. Mittlerweile arbeiten viele Ärztinnen damit, gezielt Placeboeffekte einzusetzen, sei es durch mutmachende Gespräche oder durch Abmildern von Nebenwirkungen (ohne sie natürlich zu verschweigen). Die Kommunikation von einem als hochkompetent angesehenen Menschen hat eine extreme Wirkkraft auf den weiteren Verlauf eines Anliegens.

Selbst bei den Studien zur Meditation lässt es sich schwer unterscheiden, wie stark der Glaube das nachgewiesen positive Ergebnis beeinflusst. „Bitte meditiere einmal, ohne daran zu glauben!“ lässt sich einfach schwer umsetzen. So verfälscht allein unsere Einbildung tatsächliche Ergebnisse und kann doch gleichzeitig Berge versetzen. Der Placebo- und Noceboeffekt sind psychobiologische Phänomene und beweisen den hohen Einfluss unserer Gedanken.

Um die Brücke zu deinem Hund zu schlagen: Je stärker du an den Trainingseffekt glaubst, je überzeugter du davon bist, dass die Methode oder deine Einstellung hilft, desto größer wird der Raum für positive Veränderungen. Je mehr du deiner Trainerin vertraust und bereits viele Erfolge gesehen hast, desto eher wird sich dein Hund in deinen Augen ändern. Natürlich findet in diesem Bereich durch gut eingesetztes Marketing auch viel Manipulation statt. Hier ist es an dir, eine Entscheidung zu treffen.

SEGEL GESETZT, AUS DER KOMFORTZONE INS BLAUE

Verlässt ein Mensch oder Hund seine gewohnte Umgebung, kommt es zu einem Unwohlsein bis hin zu einem Gefühl des Sicherheitsverlusts. Das ist für einen selbst kein schönes, aber durchaus ein sehr sinnvolles Gefühl, denn es soll das Lebewesen schützen, sich vorschnell in Gefahr zu begeben. Das Verlassen der Komfortzone trägt jedoch wichtige Faktoren mit sich, weswegen sich ein Schritt hinaus lohnt: Wachstum und Weiterentwicklung sind die beiden Effekte. Bei einer Studie im Jahr 2022 mit mehreren Tausend Menschen schlussfolgerten die durchführenden Psychologinnen Woolley und Fishbach, dass ein Unbehagen bedeutet, mehr Fortschritte zu machen und stärkere Lernprozesse in Gang zu bringen. Es gab verschiedene Testsituationen, unter anderem mit Teilnehmerinnen eines Improvisationsworkshops. Der einen Gruppe wurde gesagt, es sei Ziel des Experiments, Unbehagen auszulösen, für den anderen Teil gab es die Information, es ginge um das Erlernen neuer Fähigkeiten. Die Forscherinnen bewerteten Ausdauer und Risikofreude der Gruppen. Die Gruppe, die das unbehagliche Gefühl annahmen und davon ausgingen, war insgesamt ausdauernder, risikofreudiger und nach dem Workshop positiver gestimmt. Das bestätigten weitere ähnlich ablaufende Experimente. Ein unbehagliches Gefühl bei dem Erlernen von etwas Neuem ist also förderlich und darf eine Annahme erfahren.

Auch die Forscherinnen der Neurowissenschaft betonen den Effekt, wenn neue Wege begangen werden und die Komfortzone verlassen wird. So entstehen weitere Verbindungen der Synapsen im Gehirn. Aus der Resilienz wissen wir, je mehr Strategien und Ressourcen du besitzt, desto besser kannst du mit Krisen und Konflikten umgehen. Erlernen und festigen kannst du sie allerdings nur im Verlassen der Komfortzone. Um die Thematik mit Leben zu füllen, nehmen wir noch einmal das Beispiel von Lilly und Leo am Anfang des Buches. Lilly ist bereits stark gestresst, bevor es überhaupt losgeht. Um dieses Muster zu durchbrechen, braucht es verschiedene Methoden. Zum Anfang fühlt sich für sie das ruhige Atmen im Stress seltsam an, denn ihre angespannten Muskeln würden jetzt lieber die obere Brustatmung aktivieren, um ausreichend Energie für die drohende „Gefahr“ zu erhalten. Lilly muss sich immer wieder aktiv in Erinnerung rufen, negative Gedankenspiralen zu unterbrechen, um eine wohlwollendere Haltung einzunehmen. Auch muss sie sich immer wieder selbst überzeugen, einmal die Woche nach der Arbeit zum Yoga zu gehen, obwohl sie von dem langen Tag geschafft ist und lieber auf dem Sofa bleiben würde. Je häufiger sie diese Prozesse durchläuft, desto mehr wird es zu einer Gewohnheit, desto schneller wird das Gehirn die passenden Signale zur Regulation senden. Lilly startet jeden Tag etwas gelassener in den Spaziergang.

Das Verlassen der Komfortzone, sich also in dieses unsichere Gewässer zu begeben, trainiert den wichtigsten „Muskel", den wir für unser Stresserleben trainieren können: das Gehirn. Es lernt so, flexibler auf neue Situationen einzugehen, statt auf Altgewohntes zu bestehen.

DEINEN KURS HALTEN UND NEUE GEWOHNHEITEN FESTIGEN

Jetzt hast du bereits eine Menge über dich und deinem Umgang mit Stress und Konflikten gelesen. Vielleicht gab es neue Erkenntnisse oder du hast sogar eine Idee, was du zukünftig verändern möchtest, um entspannter mit deinem Hund und der Umwelt umzugehen. Genau an dieser Stelle wartet die nächste Hürde. Denn wir Menschen sind Gewohnheitstiere, genauso wie unser Gehirn nur ungern gewohnte (Denk-)Bahnen verlässt, möchte unser ganzer Organismus wieder zurück zum alten Trott. Denn es verbraucht viel weniger Energie, sich auf die eingefahrenen Muster zu verlassen.

So ist es jetzt an dir und deiner kognitiven Leistung, neue Wege zu beschreiten und sie zu neuen Gewohnheiten im Denken, Fühlen und Handeln werden zu lassen. Es ist ein kleiner Kampf gegen dich selbst.

Für eine Veränderung braucht es zuerst ein **Motiv**, sozusagen einen Sinn in dem Verlassen deiner Komfortzone. Du musst überzeugt davon sein, sonst wird dich dein Gehirn immer wieder dazu bringen, lieber in dem alten und gewohnten Fahrwasser zu bleiben. Und es braucht eine **Belohnung**. Denn darauf ist dein Denkorgan ebenfalls geprägt: Das Lustempfinden sichert seit Jahrtausenden unser Überleben, die Fortpflanzung und die Nahrungsaufnahme und rufen dadurch besonders intensive Gefühle hervor, der Neurotransmitter Dopamin wird dafür extra ausgeschüttet. Führt eine Anstrengung zu einer Belohnung, wird es dir leichter fallen, neue Prozesse zu etablieren. Zum Abschluss sorgt dann das Hormon Serotonin für eine Zufriedenheit, die sich in deinem Körper ausbreitet.

Als Beispiel: Du möchtest eine große Wanderung machen, deine Freundinnen haben es dir schmackhaft gemacht und den Mühen einen Sinn gegeben („soziale Kontakte pflegen, gemeinsam lachen, essen (!) und trinken"). Dopamin schenkt dir eine Vorfreude, mit der Erwartung auf Belohnung. Du machst dich bereit und das Hormon Adrenalin aktiviert nun deine Kräfte. Es wird anstrengend, die vielen Kilometer bergauf zu schaffen. Zwischenzeitlich würdest du am liebsten wieder umdrehen. Eine kleine Pause und ein paar nette Gespräche muntern dich wieder auf. Auf dem Berggipfel wirst du mit einer unglaublich schönen Aussicht belohnt (!). Ein wenig Demut und Dankbarkeit breiten sich in deinem Körper aus, die Welt sieht von hier viel kleiner aus und so manche Probleme verkleinern sich bei dem Gedanken. Jetzt geht es an den Abstieg, der wesentlich leichter ist. Zum Schluss sitzt ihr alle in einem gemütlichen Holzhaus, der Kamin ist an und das zünftige Essen schmeckt unglaublich lecker. Serotonin flutet deinen Körper und sorgt für ein tiefes Zufriedenheitsgefühl. Ihr plant in den nächsten Monaten wieder eine Wanderung, also ganz rational: Du nimmst wieder alle Strapazen in Kauf, um dieses Glück und die Zufriedenheit zu spüren. Eigentlich völlig unlogisch, denn du könntest dich doch gleich in die Hütte an den Kamin setzen und essen. Doch es wäre nicht das Gleiche, denn Schmerz und Lust stehen nah beieinander, Dopamin, Adrenalin und Serotonin sind eng verknüpft. Der Anblick deiner Wanderstiefel wird dich zukünftig lächeln lassen, obwohl sie eigentlich mit Kraftanstrengungen verknüpft sind.

Einen ähnlichen Ablauf braucht es auch für Veränderungen im Alltag. Dein Ziel sollte für dich lohnenswert sein, um dein Gehirn auszutricksen, um die inneren Stimmen der Bequemlichkeit verstummen zu lassen. Es braucht quasi deine Begeisterung zur Sache um anzufangen und die Regelmäßigkeit, um eine neue Gewohnheit zu einem automatisierten Prozess werden zu lassen. Auf dem Weg dahin wirst du vielleicht das Gefühl haben, nicht genug Willenskraft zu besitzen. Das ist normal und gilt als die innere Stimme, die dich wieder zurück ins alte Muster bringen möchte. Es ist wie bei deinem Hund auch: Impulskontrolle lässt sich am besten ausweiten, wenn dein Hund gelernt hat, auf die Belohnung zu warten („Belohnungsaufschub"). Nicht zu verwechseln mit Selbstregulation oder Frustrationstoleranz, denn hier wartet am Ende bitte keine Belohnung, außer Ruhe und Entspannung. Die Erhöhung deiner Willenskraft hängt eng mit deiner empfundenen Befriedigung zusammen, du darfst jetzt lernen, dass das Warten darauf ein lohnenswerter Prozess ist. Das kannst du sogar generell im Alltag umsetzen. Verzichte auf eine Belohnung, die du dir sonst immer gönnst und schiebe sie auf den nächsten Tag, so kannst du es ganz bewusst erleben und deinen Willen stärken.

Gewohnheiten neu etablieren – Coaching:

1. Schreibe deinen Veränderungswunsch auf. Als prägnante und leicht einprägsame Überschrift. Darunter schreibst du nun die Details, also was beinhaltet dieser Wunsch noch. Knicke den Zettel so, dass du nur die Überschrift siehst und hänge ihn an

einen Ort, den du oft aufsuchst. Beispiel: „Ich möchte mich nicht mehr von Aussagen fremder Menschen angegriffen fühlen!" weitere Details: „Dazu gehört, dass ich nicht sofort reagieren muss, wenn jemand Fremdes etwas sagt. Es braucht keine Rechtfertigung oder ein schlechtes Gewissen. Meine Selbstsicherheit sollte ich ausbauen, damit ich nicht sofort die Schuld bei mir suche. Meine Werte sollte ich besser kennen, denn dann weiß ich, warum mich manche Aussagen mehr treffen. Ich sollte mir darüber mehr bewusst werden, dass andere Menschen ihre eigenen Wahrheiten haben, die nichts mit mir zu tun haben …"

2. Überlege deine Strategie. Was brauchst du, um in diese Veränderung zu kommen? Und wie kannst du es im Alltag üben? Vielleicht kannst du die hier genannten Coachingtipps in den verschiedenen Kapiteln umsetzen. Um bei dem Beispiel zu bleiben: Selbstsicherheit, Blickwinkelveränderung, Selbstwert, Grenzen setzen etc. sind die Ansätze. Jetzt geht es an das tägliche Üben, bei dem Beispiel bietet sich jeder Spaziergang dazu an, die neuen Strategien umzusetzen.
3. Finde deine Belohnung und deine Zufriedenheit. Warum wird es sich für dich lohnen, in die Veränderung zu gehen? Was macht es mit dir, wenn du die Punkte umsetzt? Male es dir in Gedanken detailreich aus, konzentriere dich dabei auf die positiven Emotionen. Passend zum Beispiel: Das Gefühl der Leichtigkeit stellt sich ein, sich nicht mehr von anderen beeinflussen zu lassen, das Empfinden von neuer Selbstsicherheit und Unabhängigkeit gibt dir ein gutes Gefühl und am Ende belohnt dich ein wunderschönerer Spaziergang durch die Natur mit deinem Hund. Oder du belohnst dich mit gutem Essen, tollen Gesprächen mit lieben Menschen, neuen Schuhen, Blumen, einem Saunabesuch etc.
4. Achte auf Entspannung. Es ist wichtig, Veränderungen aus einer entspannten inneren Haltung heraus zu starten. Ist dein Akku

täglich überwiegend auf orange oder rot, wirst du kaum Platz für den Prozess haben, eine neue Gewohnheit zu etablieren. Hier steht an erster Stelle die Selbstfürsorge, um dich zu entlasten.

5. Nutze die Selbstreflexion. Am Ende des Tages darfst du dir selbst ein kleines und wohlwollendes Feedback geben. Betrachte dich dabei als gute Freundin, für die du wertschätzende Worte findest. Was ist heute gut gelaufen, was kannst du beim nächsten Mal besser machen? Eine gesunde Fehlerkultur gehört unbedingt dazu: Ohne Fehler keine Weiterentwicklung, ohne Schwächen keine Stärken!

Bei dem Prozess, neue Gewohnheiten zu etablieren, gibt es übrigens nur ein Tempo: dein eigenes. Lasse dir die Zeit, die es braucht. Eingefahrene Muster brauchen oft Monate, um zu neuen Wegen zu werden.

Den Sinn erkennen, Gewohnheiten etablieren

„Was der Mensch wirklich will, ist letzten Endes nicht das Glücklichsein, sondern ein Grund zum Glücklichsein", erkannte bereits der Psychologe Viktor Frankl in seiner Sinnforschung. Dieses Thema ist eine große Säule der Resilienz eines jeden Lebewesens. Denn wer den Sinn in seinem Handeln und Leben entdeckt, hat ein Motiv, sich schweren Zeiten entgegenzustellen und eine Motivation, trotzdem weiterzumachen.

KAPITEL 4

DIE KÖRPERPSYCHE

DIE ARBEIT MIT DEINEM KÖRPER ALS QUELLE DER GELASSENHEIT

Stress entsteht in den Gedanken. Ein Großteil dieses Buches durchleuchtet das so komplexe Zusammenspiel und zeigt dir viele Möglichkeiten auf, einen Einfluss zu nehmen. Ein weiterer großer, manchmal etwas vernachlässigter Faktor ist die Arbeit mit dem Körper im Zusammenhang mit der Psyche. Viele der körperlichen Möglichkeiten zur Stressregulation wurden über eine lange Zeit in die Ecke der Esoterik geschoben oder ausschließlich mit einem sportlichen Ehrgeiz betrachtet. Doch die Wissenschaft und Forschung liefern immer mehr Ergebnisse. Sport, Yoga, Meditation, Massagen und die bewusste Atmung unterstützen den Menschen maßgeblich dabei, in seine innere Mitte zu kommen und zu bleiben. Dabei ist ein genauer Blick nötig, denn die Dosis und Intensität sind sehr individuelle Maßstäbe, die zwischen nutzlos, hilfreich oder überfordernd entscheiden.

Wer als stark gestresster Mensch, stets im Hochleistungsmodus durch den Alltag eilt und sich dann im *regelmäßigen Laufrausch* den Stress abtrainieren möchte, würde nur weiteres Benzin ins lodernde Feuer geben. Die Hormonausschüttung beim Sport ist der Aktivierung durch Stress sehr ähnlich. Neben Adrenalin sorgen Endorphin und Serotonin für zusätzliche Glücksgefühle, sodass sich diese Form der Aktivierung erst einmal gut anfühlt. Doch Stress gegen Stress oder Sucht gegen Sucht zu tauschen, ist ein kontraproduktiver Trugschluss. Pauschal lässt sich die passende körperliche Ertüchtigung sehr gut nutzen, um an seiner Gelassenheit zu arbeiten, die Dosis macht das Gift. Und diese ist sehr individuell, so brauchen manche Menschen eine höhere Dosis, anderen reichen homöopathische Mengen.

Moderater Sport stellt ein wunderbares Übungsfeld für den Umgang mit Stress dar, das bedeutet, dass dein Organismus im Training bleibt, um mit den passenden Hormonen und Neurotransmittern den „Stresszustand" zu regulieren. Nach dem Motto: „Den Stress kenne ich, da braucht es jetzt folgende Maßnahmen des Ausgleichs …". Dein Körper kann also schneller und feiner arbeiten und dich so im Alltag unterstützen, du baust Stress effektiv auf einer körperlichen Ebene ab. Tiefere Schlafphasen bis hin zu einer Verringerung stressbedingter Themen, wie nächtliches Zähneknirschen, sind durch passenden Sport möglich. Den besten Stressabbau erzielt man mit Pulswerten zwischen 65 und 75 % der maximalen Herzfrequenz. 20 Minuten walken oder joggen reichen oft aus, um diesen Effekt zu erreichen.

Und es passiert noch mehr: Die Aktivität des präfrontalen Kortex sinkt, also die Themen, über die du dir jetzt schon den ganzen Tag „einen Kopf machst", verringern ihre Wichtigkeit, denn beim Sport braucht es andere Hirnareale, um deinen Körper und seine Wahrnehmung zu steuern. So kannst du etwas Abstand gewinnen, um vielleicht nachfolgend einen neuen Betrachtungswinkel einzunehmen. Dopamin und Endorphine sorgen für einen Antrieb und ein Stimmungshoch. Das Tryptophan, die Vorstufe des Zufriedenheitshormons Serotonin, gelangt besser ins Gehirn, während sich andere Stresshormone abbauen. Regelmäßiger Sport sorgt für eine bessere Vernetzung im Gehirn und regt die Neubildung von Nervenzellen an. Das gilt übrigens nicht nur für uns Menschen, gerade deprivierte oder mangelhaft sozialisierte Hunde können durch gezielte Bewegungseinheiten ihre neurologischen Defizite aufholen.

Vor allem für neurodiverse Menschen kann es ein wichtiger Ausgleich sein. Folgende körperliche Ertüchtigungen unterstützen dich: Trampolin springen oder in Schüttelbewegungen alle Gliedmaßen auflockern. Die Hüfte kreisen lassen, wie beim Salsa, Bauchtanz oder mit dem Hula-Hoop-Reifen, aktiviert den Darm-Hirn-Nerv und macht den Kopf frei. Selbstmassagen oder das Abklopfen des Körpers sind mögliche Regulationsfaktoren im Stresszustand. Kampf- oder Boxbewegungen helfen nicht nur, körperlich Grenzen zu setzen, sondern schaffen auch einen stärkeren Willen für sich und seine Werte einzustehen. Monotone Bewegungsabläufe lassen einen Flow-Zustand zu, der tiefe Zufriedenheit und Ruhe auslösen kann: Fahrrad fahren, Walken, Joggen und Wandern sind die typischen Vertreter dafür. Yoga hilft, Verspannungen zu lösen und Körper, Atmung und Seele in Einklang zu bringen und Pilates aktiviert die Tiefenmuskulatur, wirkt den Verspannungen entgegen. Die Liste der Möglichkeiten ist lang, es braucht das individuell Passende, um den Nutzen zu spüren.

Wie sieht es bei dir aus? Hast du das Gefühl, dass Sport dir hilft oder helfen könnte, ausgeglichener zu sein? Welche Form der Bewegung fällt dir leicht oder macht dir mehr Spaß? Manche sind eher dem Team- oder Vereinssport zugeneigt, andere fühlen sich allein wohler. Wie ist es bei dir? Schaffst du es, den Sport in deinen Alltag einzubauen?

EINFLUSS DER ERNÄHRUNG AUF DEIN WOHL-BEFINDEN

Gerne würde ich ausführlich über die Ernährung schreiben, denn sie gehört ganz deutlich zu einem gesunden und gelassenen Menschen dazu. Doch ist es sehr individuell, wie die passende Ernährung aussehen sollte. Um den ganzheitlichen Blick zu behalten, möchte ich den Zusammenhang hier wenigstens erwähnen.

Jeder abweichende Zustand vom inneren Gleichgewicht verbraucht Energie, Glukose und Fette, die wir uns über die Ernährung wieder zuführen. Wir sorgen damit auch für die passenden Ressourcen und unterstützen die „guten" Bakterien, beispielsweise in unserem Darm, die sich auf unsere Stressresistenz auswirken. Würde jeder Mensch es schaffen, auf sein natürliches Hunger- und Sättigungsgefühl zu hören, wären wir allesamt sehr gesunde Menschen ohne Über- oder Untergewicht. Doch das Essen ist ebenfalls eine mögliche Bewältigungsstrategie von Stress und macht zudem glücklich!

Ein Anteil davon wurde uns anerzogen: das tröstende Gummibärchen nach der Impfung, den Lutscher an der Kasse zur Beruhigung oder das Wohlgefühl in besonderer Atmosphäre, ein Essen zu genießen, während gute Gespräche zustande kommen. Unser Körper und die Psyche haben gelernt, dass Essen eine wunderbare Möglichkeit ist, zufrieden zu werden. Und es stimmt: Kauen entspannt wirklich unser Nervensystem. Doch entscheidend ist dabei, was und in welcher Menge wir kauen. Die Nahrungsmittelindustrie stellt uns hier weitere Hürden auf. Viele gut schmeckende und glücklich machende Zusatzstoffe manipulieren unser „Bauchgefühl", beispielsweise der rauchige Geruch der offenen Chipspackung, der Zucker im Brot und ein höherer Fettgehalt wecken Begehrlichkeiten. Wer seine Essgewohnheiten ändern möchte, sollte prüfen und wissen, welche Nahrungsmittel verführen und was lediglich der Stresskompensation dient.

Wenn du dich in diesem Bereich noch mehr unterstützen möchtest, kann ich dir ein gutes Ernährungscoaching empfehlen. Mein besuchtes Coaching mit einer studierten Ernährungswissenschaftlerin setzte übrigens auf bewusste und ausgewogene Ernährung und weniger auf die Zahlen auf der Waage. Diese veränderten sich automatisch, als ich wieder einen guten Zugang zu mir, meinem Stresserleben und meinen Bedürfnissen hatte. Mit der passenden Ernährung fühlst du dich mit der Energie aufgeladen, die es für deinen Alltag braucht.

STRESS UND DARM, EINE BESONDERE WECHSELWIRKUNG

Eine wichtige Stellung im Stresserleben nimmt das Darmmikrobiom ein, also die Besiedelung durch Bakterien und anderen Mikroorganismen des Darms, sowie die Weiterleitung von Signalen durch unseren Darm-Hirn-Nerv. So wurden bei Autoimmunerkrankungen eine geringere Vielfalt des Mikrobioms im Vergleich zu gesunden Menschen festgestellt. Ob es Ursache oder Symptom ist, wurde noch nicht ausreichend geklärt, doch der direkte Zusammenhang ist deutlich. So wie nicht kontrollierbarer Stress zu einer höheren Ausschüttung von stressrelevanten Hormonen und Neurotransmittern führt, gehen Autoimmunerkrankungen mit hohen Entzündungswerten einher, beides reduziert nachweislich die Diversität im Darm, die es braucht um zufrieden, ausgeglichen und gesund zu sein. Neben der genetischen Komponente spielen die Ernährung, die allgemeine Lebenszufriedenheit und -umstände und erlebte Viruserkrankungen eine Rolle. Es ist eine komplexe Beziehung zwischen den Umweltfaktoren und dem Darmmikrobiom. Aus allen bisherigen Ernährungsstudien lässt sich sagen, dass eine ballaststoffreiche mediterrane Ernährungsweise zusätzlich mit fermentierten Nahrungsmitteln den größten Nutzen hat, um eine gesunde Darmflora zu erreichen. Pauschale (prä- oder probiotische) Nahrungsergänzungsmittel werden eher kritisch gesehen, da das Mikrobiom jedes einzelnen sehr individuell ist und manche Einnahmen sogar kontraproduktiv sind, weil sie nur einseitig wirken.

Wusstest du, dass der Darm-Hirn-Nerv deine Stimmung direkt beeinflusst? Im Darm bilden sich die Bausteine für die Neurotransmitter Dopamin, GABA und Serotonin, die auf unsere Stimmung regulierend einwirken und uns entweder aktivieren oder ausgleichen. Selbst die Persönlichkeitsmerkmale wirken sich aus: Menschen mit einer hohen Verträglichkeit, also sozial und hilfsbereit, beherbergen die größte Artenvielfalt im Darm (Kim, Hyung-Lae, 2018). Auch hier steht noch offen, wer das Huhn und wer das Ei ist. Doch der gegenseitige Einfluss gilt mittlerweile als gesichert. Autistische Kinder besitzen weniger der nachgewiesenen „Geselligkeitsdarmbakterien“ (Lactococcus, Oscillospira) und mehr der Bakterienstämme (Desulfovibrio), die bei weniger kontaktfreudigen Menschen festgestellt wurden (Johnson, 2020). In Tierstudien konnte nachgewiesen werden, dass Mäuse beispielweise ihr Verhalten ändern, wenn sie den Stuhl von Menschen mit einer Autismus-Spektrums-Störung eingepflanzt bekamen. Sie vermieden eher Kontakt zu Artgenossen.

Auch wenn es noch weitere Untersuchungen beim Menschen braucht, insgesamt zeigen die bisherigen Ergebnisse, dass ein wichtiger Faktor eines stressresistenten Menschen ist, auf die Darmgesundheit und Ernährung zu achten.

MEDITATION: RUHE IN DEINE GEDANKEN BRINGEN

Zugegeben, die Stille fällt vielen Menschen eher schwer. Es fühlt sich anfangs an, wie ganz allein mit sich zu sein. Oft sind wir es gewohnt, ständige Ablenkung zu erhalten und in einigen Fällen wird sie auch mit Absicht gesucht, weil das Innere einfach zu laut oder schwer auszuhalten ist. Doch die Meditation besitzt so viele positive Effekte, dass sich ein Ausprobieren in jedem Fall lohnt.

HINWEIS

Traumatisierte Menschen kommen bei der Meditation mit sich in einen engen Kontakt. Es kann unter bestimmten Bedingungen starke Emotionen auslösen. Geführte Meditationen von einer als sympathisch empfundene Stimme begleitet, können an dieser Stelle ausprobiert werden. Bei gängigen Streamingdiensten wirst du unter dem Suchbegriff „Meditation traumasensibel oder traumasensitiv" fündig. Setze dich bitte nicht selbst unter Stress, vielleicht kann dein Organismus es **noch** nicht leisten.

Nachgewiesen sinken der Blutdruck und die Herzfrequenz während des meditativen Zustands, die Atmung wird tiefer und die Muskeln entspannen sich. Das Gehirn schaltet nach einiger Zeit auf eine entspannende und angstlösende Frequenz um, den Alpha-Wellen. Kommt es zu einem tranceähnlichen Zustand, können sogar Theta- oder Delta-Wellen entstehen, die eigentlich Bestandteil des heilsamen und regenerierenden Tiefschlafs sind. Die meisten Meditierenden erleben nach einiger Übung einen Zustand des Wohlgefühls und der Sicherheit. Die kleinen Pausen im Alltag sorgen ähnlich wie der regelmäßige Schlaf dafür, gesund zu bleiben und Stress zu verarbeiten. Bei regelmäßiger Durchführung verändern sich langfristig stressbedingte Aktivitäten im Gehirn, Emotionen werden schneller und effektiver reguliert.

Bevor du zu euphorisch einsteigst, kann ich dir aus meiner Erfahrung im Stresscoaching sagen, dass es Zeit braucht. Am Anfang berichten viele Menschen, dass sie von einer kleinen Lawine an Gefühlen und Gedanken überrollt werden. Die Stille wird plötzlich sehr laut, denn alles das, was wir im Alltag zur Seite schieben, weil keine

Zeit dafür ist, kommt in der Stille der Meditation gerne wieder hervor. Es dauert, bis die Gedanken wirklich fließen und nicht mehr bewertet werden. Am Anfang helfen geführte Meditationen, die du bei Streamingdiensten oder auf anderen Medien findest. Ein kleiner Tipp: Achte auf die Stimme, sie muss dir zutiefst sympathisch sein. Oder beginne mit Fantasiereisen, bei denen du dich gedanklich an einen schönen und sicheren Ort begibst.

Wenn dir Ruhe derzeit noch sehr schwerfällt, ist vielleicht die Geh-Meditation etwas für dich. Eine längere Wanderung durch die Natur und dich dabei auf deine Wahrnehmung ohne Bewertung zu konzentrieren, hat ebenfalls einige positive Effekte auf deine Psyche.

Dein Hund kann dich bestimmt sehr gut bei allem begleiten. Er wird von deiner inneren Ruhe profitieren. Und wenn du einen Hund hast, der sehr aufgeregt ist, wäre es sogar ein gutes Übungsfeld, dich von seiner Unruhe nicht anstecken zu lassen. Stattdessen bekommt er die Möglichkeit, sich an deiner Entspannung zu orientieren.

Um die positiven Effekte einer Meditation zu erleben, brauchst du Folgendes:

- Regelmäßigkeit,
- Geduld,
- Achtsamkeit,
- Akzeptanz,
- einen bequemen Sitz,
- eine passende ruhige Umgebung.

Probiere es mit der kleinen Sitz-Meditation für Anfänger einmal aus. Suche dir eine schöne und ruhige Umgebung. Setze dich in bequemer Kleidung auf den Boden, ein Sitzkissen kann dir helfen, eine gute Position einzunehmen. Eine zusammengerollte Decke stützt deine Knie. Probiere einen Sitz aus, in dem du für 5 bis 15 Minuten entspannt sitzen kannst. Richte deinen Oberkörper bewusst auf, ohne in ein Hohlkreuz zu kommen. Neige dein Kinn leicht zur Brust, damit in der Halswirbelsäule Länge entsteht. Lass deine Schultern locker nach hinten fallen, deine Hände liegen auf deinen Knien oder entspannt übereinander in deinem Schoß. Bevor du anfängst, scanne einmal deinen Körper von den Zehen bis zur Scheitelkrone und versuche dich in der Wahrnehmung ohne Bewertung. Passt die Position so für dich?

Jetzt richte deine Aufmerksamkeit allein auf deine Atmung. Nimm wahr, wie die Luft durch die Nase in deine Lungen hineinströmt, die Bauchdecke sich hebt und wieder hinausfließt. Ganz von allein, du musst nichts tun, nicht handeln, ein Atemzug folgt auf den anderen. Lasse dich in diese Wahrnehmung und Haltung gedanklich fallen. Schweifen die Gedanken ab, lenke sie wieder auf die Atmung. Es ist normal, dass sich bei den ersten Malen das Gedankenkarussell dreht. Mit einiger Übung wird es immer langsamer, bis es irgendwann steht. Versuche den Umstand zu akzeptieren.

Vielleicht kommst du nach einiger Zeit in die Gedankenleere, bei der sich selbst der Atem deiner Betrachtung entzieht. Der entspannende Flow-Zustand setzt an dieser Stelle ein. Meistens dauert es einige Male, bis ein Mensch in die Meditation findet. Nimm dir ruhig die Zeit. Vielleicht helfen dir tägliche feste Rituale für diese kleine Auszeit?

VOM NOTFALL ZUR REGULATION: ATME DICH IN DIE SICHERHEIT

Der Erzfeind deines Hundes kommt dir auf engem Weg entgegen, ein Duell an der Leine ist unausweichlich. Falls dich die Situation stresst, wirst du es an deiner Atmung direkt merken. Denn sobald deine Gedanken eine Gefahr oder Herausforderung sehen (denke an den Säbelzahntiger aus dem ersten Kapitel), reagiert dein Nervensystem. Der Nervenstrang Sympathikus steuert sofort die Organe und versetzt dein System in Bereitschaft. Die Atmung findet jetzt im oberen Brustbereich statt und ist eher flach. Die Herzfrequenz steigt, der Körper wird durch die schnellere Atmung mit mehr Sauerstoff versorgt. Biegt der Erzfeind jetzt wieder ab, beruhigt sich alles in dir. Das Nervensystem tritt auf die Bremse, unser Ruhenerv (Parasympathikus) sorgt für eine Verengung der Bronchien und eine Regulation der Herzfrequenz. Die Entspannung tritt ein. Soweit der automatisierte Ablauf, jetzt kommen wir zu deinem möglichen Einfluss (neben der Arbeit an der Ursache).

Beobachte jetzt einmal deine Atmung. Ist sie eher flach oder tief, hebt sich dein Brustbereich oder dein Bauch beim Einatmen? Versuche jetzt einmal einen tiefen Atemzug zu machen, bei dem der obere Brustbereich so bleibt und der Bauch sich, gefühlt wie bei einem Ballon, mit Luft füllt. Nun atme langsam wieder komplett aus. Mache eine kleine Pause von 3–5 Sekunden zwischen der Ein- und Ausatmung und wiederhole den tiefen Atemzug noch 3-mal. Wie fühlt es sich jetzt an? Merkst du eine Veränderung? Allein durch diese recht einfache Veränderung der Atmungsart greifst du bereits bewusst in stressbehaftete Prozesse ein. **Die Schlüssel zur Veränderung des inneren Zustands heißen Zwerchfell, Parasympathikus und Sympathikus.** Sie schließen das Schloss im Gehirn auf, um Prozesse in deinem Körper zu starten. Je häufiger du die bewusste Atmung übst, desto leichter fällt sie dir im Alltag. Je mehr du für dich erkennst, dass du stressigen Situationen nicht hilflos ausgeliefert bist, desto gelassener wirst du werden. Die Atmung ist ein wichtiger Bestandteil, um ein besseres Selbstwirksamkeitsgefühl in dir zu erzeugen.

Im Yogabereich gibt es viele unterschiedliche Atmungstechniken. Wichtig ist beim Erlernen, dass du anfangs für eine gute Umgebung sorgst. Mit ein wenig Übung entfaltet sich später auch in stressigen

Umgebungen die Wirkung, doch es bedarf zuerst ein Gefühl dafür. Nutze dieses „Anti-Stress-Training" gerne auch, um vorweg einen kleinen Körperscan vorzunehmen: Achte auf entspannte Muskeln im Gesicht, einer guten und bequemen Sitz- oder Stehposition und lasse bewusst die Schultern locker. Stelle fest, wo es noch Verspannung gibt, ohne jedoch zu werten. So erhält die bewusste Atmung den passenden Raum. Das Zwerchfell ist übrigens ein Muskel, der sich verkürzen (hyperton) kann durch fehlende Ansprache oder einer ständigen Verspannung. Es kann sein, dass dir manche Übungen in diesem Zustand sehr schwerfallen. Wenn dem so ist, setze deinen ganzen Fokus auf dieses wichtige Element und übe täglich ein paar Minuten. Du wirst merken, wie gut es dir tut.

Die **Ujaji-Atmung** ist eine besonders wertvolle Übung. Hier verengst du bewusst die Stimmritzen, das Zwerchfell wird leicht angespannt und das Ein- und Ausatmen braucht länger. Es hört sich wie ein Meeresrauschen an und genauso wirkt es auch. Diese Form spricht den Parasympathikus an, der dafür sorgt, dass sich dein gesamter Organismus beruhigt. Du kannst einmal probieren einen Spiegel anzuhauchen, so dass er leicht beschlägt. Jetzt machst du das Gleiche noch einmal nur mit geschlossenem Mund. Das fühlt sich meistens komisch an. Du atmest jetzt mit dieser Anspannung ein und wieder aus. Bei StarWars-Fans sage ich gerne, dass wir jetzt die Darth Vader-Atmung machen. Diverse Videos auf Online-Plattformen geben dir dazu kostenlose Anleitungen, wenn du es veranschaulicht haben möchtest.

Fällt dir diese spezielle Atmung schwer, kannst du mit einer einfachen Übung beginnen. Fange einmal an, eine langsame Melodie zu summen. Die Stimmbänder vibrieren und eine beruhigende Stimmung breitet sich in deinem Körper aus. Bestimmt kennst du einige Filmszenen, in denen ein Mensch in einer beängstigenden Situation anfängt zu summen. Das ist ein sehr natürliches Hilfsmittel, um in stressigen

Situationen etwas ruhiger zu werden. Beim Yoga heißt die Atmung **Bhramari**, bei der du ausatmend summst und es sich wie eine fliegende Biene anhört. Die Einatmung kannst du wieder ganz normal durch die Nase durchführen. Natürlich gibt es viele Variationen, eine davon ist, sich dabei die Ohren zuzuhalten. So wird es noch intensiver, dein gesamter Kopf spürt die Vibrationen. Eine gute Übung, um am Abend mit dem Tag abzuschließen oder um das Grübelkarussell zu stoppen. Es wird auch neurodiversen Menschen empfohlen, um sich eine Pause von der Außenwelt zu gönnen.

Die **Wechselatmung** (Nadi Shodhana) habe ich in meinem Resilienzbuch bereits beschrieben. Deswegen führe ich sie nur kurz als weitere Möglichkeit mit auf. Durch diese Technik wird abwechselnd durch das linke und rechte Nasenloch ein- und ausgeatmet. Beide Gehirnhälften werden so stimuliert (Stancak & Kuna, 1994). Die Yogis sprechen gerne von einem Energieausgleich, der hier stattfindet und dabei hilft, sich selbst wieder in Einklang zu bringen. In Studien wurde ein beruhigender Einfluss auf den Herzschlag und eine Erhöhung der Aufmerksamkeit festgestellt (Telles et al., 2017). In der Praxis hat sich diese bewusste Atmung auch bei traumatisierten Menschen zur Beruhigung bewährt.

Den **Feueratem** (Kapalabhati) mag ich besonders gerne. Er aktiviert mich, wenn ich einen kleinen Durchhänger habe und lässt mich besser fokussieren. Auch Perlentaucherinnen nutzen diese Atemtechnik, bevor sie eine lange Zeit abtauchen. Sie bereiten das Zwerchfell und die Lunge darauf vor, eine größere Zeitspanne ohne Sauerstoff zu sein. Apnoetaucherinnen können so circa 10 Minuten ohne Luft tauchen. Der Rekord liegt allerdings bei 24 Minuten und 37 Sekunden Luftanhalten (ohne Bewegung)! Bei dieser Atmungsvariante wird durch das Einziehen des Bauchnabels zur Wirbelsäule die Luft kraftvoll durch die Nase gepresst, als ob du schnäuzen möchtest. Die Einatmung geschieht dann automatisch, durch das Entspannen der oberen Bauchdecke und des Zwerchfells. Zum Anfang wirst du einen sehr schnellen Atemrhythmus haben, der sich dann anfängt zu verlangsamen. Probiere es mehrere Minuten aus, es ist unglaublich, wie sich damit der innere Zustand verändert. Wenn du dich damit wohlfühlst (Hinweis!) kannst du direkt nach der Feueratmung die Luft anhalten. In unserem Yogakurs kommen wir meistens auf 1–2 Minuten. Danach kannst du es genießen, in dich hineinzuhorchen und zu spüren, wie dein Körper sich von ganz allein selbst wieder reguliert. Das natürliche Wunder der Selbstregulation sozusagen intensiv zu erleben. Nicht umsonst, gelten Apnoetaucherinnen als extrem resiliente Menschen.

Die Aufmerksamkeit auf die Atmung zu lenken und dadurch bewusster zu atmen, signalisiert dem Organismus Sicherheit. Wird die Atemfrequenz immer ruhiger, verlangsamt sich auch der Herzschlag. So kannst du dich allein durch die achtsame und bewusste Atmung selbst beruhigen und aus dieser Haltung heraus gelassenere Entscheidungen treffen. Dein Hund wird es wahrnehmen!

DER WALDSPAZIERGANG, DIE HEILENDE KRAFT DER NATUR

Zur Zufriedenheit gehört laut des Philosophen Aristoteles das „betrachtende Leben". Das bedeutet das Erfassen, Erleben und Verstehen, ohne etwas verändern oder leisten zu wollen. Eine Sichtweise, die vielen Menschen schwerfällt. Meistens wollen wir etwas: den Hund streicheln, der süß schaut, die Blume pflücken, die uns gefällt, oder den Berg erklimmen, der vor uns liegt. Viele Tierschutzhunde könnten davon „berichten", wie gleich jede Menge Erwartung seitens des Menschen nach ihrer „Rettung" auf sie wartet. Und genauso geht es uns in der Natur.

Probiere es einmal aus, gegen die Mechanismen zu wirken und einen Waldspaziergang mit Neugierde, Erstaunen und der Betrachtung zu unternehmen. So wie manche Mütter es ihren Kindern sagen: nur mit den Augen anfassen. Vielleicht fallen dir Details auf, die du vorher übersehen hast. Besondere Baumformen, Blätterfarben und seltsame Geräusche im Wald. Je länger du dich dort aufhältst, desto ruhiger wird dein Geist. Was ebenfalls an der terpenhaltigen Waldluft liegt. Dieser Naturstoff senkt nachgewiesen unsere Herzfrequenz, das Stressgefühl und hat einen positiven Effekt auf das Immunsystem. Das nennt sich übrigens Ökopsychosomatik, falls dir der Begriff einmal begegnet. Es ist die Wirkung von Stimulanzien des Ökosystems auf unsere Gesundheit und wissenschaftlich bestätigt. Nebenbei lieben unsere Vierbeiner den Wald und so lässt sich der schöne Nutzen mit dem nötigen Gassigang sehr gut verbinden.

Wenn du einmal keine Zeit für einen ausgiebigen Spaziergang im Wald hast, helfen dir ätherische Öle von Tannen oder anderen Bäumen weiter, da sie diese natürlichen Wirkstoffe enthalten. Du kannst ein paar Tropfen in einen Diffusor geben und tief ein- und ausatmen. Achte bei deiner Auswahl auf naturreine ätherische Öle. Kiefer, Fichte und die Weißtanne besitzen den höchsten Anteil der Stimulanzien. Parfumöle zeigen übrigens keine Wirkung in dem Bereich, hier gäbe es lediglich verknüpfte Dufterinnerungen.

ÜBER BORD MIT DEM BALLAST DURCH PROGRESSIVE MUSKELENTSPANNUNG

Wie bereits geschrieben gibt es viele Möglichkeiten, über Bewegung Stress abzubauen oder sogar stressresistenter zu werden. Auch Berührungen können auf körperlicher und geistiger Ebene Stresszustände verändern, viele Menschen berichten von den positiven Effekten unterschiedlicher Massage- oder Klopftechniken. Eine besondere Möglichkeit der Körperarbeit möchte ich hier hervorheben, da sie empirisch in groß angelegten Metastudien untersucht und ihre Wirkung belegt ist: die Progressive Muskelentspannung, ursprünglich von dem Neurophysiologen Edmund Jacobson entwickelt.

Jacobson erkannte schon in den 1920er Jahren die Zusammenhänge zwischen seelischer und körperlicher Anspannung. Du kennst es bestimmt auch, wenn du an besonders anstrengenden Tagen abends einen verspannten Nacken spürst oder der Bauch sich verkrampft anfühlt. Dass Stress sich verkörpert, ist eine passend umschreibende Aussage.

Peter A. Levine, Biophysiker und Psychologe, entdeckte später sogar weitere körperliche Vorgänge im Stresserleben. Er beobachtete einen körperlichen Regulationsprozess bei Wildtieren: Eine Gazelle wurde von einem Löwen gejagt, kurz vor der Tötung setzte der Totstellreflex in Form einer Ohnmacht ein. Ein schlau eingesetzter Mechanismus der Natur, bei dem sich der Organismus selbst vor einer Überforderung schützt. Der Löwe ließ von der Gazelle ab. Kurze Zeit später wachte sie auf und zitterte am ganzen Körper. Sie stellte sich hin und zeigte sich geistig und körperlich unversehrt. Wird die Gazelle in ihrer Handlung des Zitterns gestört, bleiben Folgen zurück, die einem Trauma ähneln. Der Organismus befindet sich danach in einem ständigen Zustand der Gefahr. Mit dieser Erkenntnis forschte Levine weiter und entwickelte das Programm „Somatic Experience", bei dem auf körperlicher Ebene mit traumatisierten Menschen gearbeitet wird.

Die bewusste Anspannung und Entspannung von Muskeln bis hin zum Zittern oder Schütteln sind hilfreiche Alltagsübungen, um frühzeitig den Ballast durch Stress abzubauen. So kannst du dafür sorgen, dass Erlebnisse sich auch auf körperlicher Ebene lösen und verarbeiten lassen.

In der Ausführung der Progressiven Muskelrelaxation (PMR)

spannst du einzelne Körperteile nacheinander an. Meistens nur über 5–10 Sekunden, danach entspannst du die Muskelgruppe zusammen mit der Ausatmung. Probiere es einmal aus, indem du jetzt die linke Hand zur Faust ballst, weiter ruhig atmest und langsam bis 10 zählst. Mit der Ausatmung lässt du wieder los. Jetzt die andere Hand. Spüre nach der Übung hinein. Wie fühlen sich beide Hände jetzt an? Es ist ein sich immer wiederholender Akt, der von den Händen, über die Arme, Schultern, Nacken, Kopf, Bauch, Rücken, Gesäß, Beine und Füße geht. Das wortwörtliche Loslassen der Anspannung zusammen mit der Ausatmung ist ein schönes Sinnbild, den angestauten Ballast abzugeben. Danach spürst du in einer entspannten Haltung nach und horchst in deinen Körper hinein. Es gibt sehr gute kostenlose Videoanleitungen im Internet, probiere es gerne einmal aus.

Das bewusst erzeugte Schütteln oder Zittern ist etwas komplexer. Im Prinzip spannst du bestimmte Muskelgruppen so lange an, bis es zu einem Zittern durch die leichte Überlastung kommt. Dabei ist es wichtig, den Bogen im wahrsten Sinne des Wortes, nicht zu überspannen. Es darf unangenehm werden, aber nicht schmerzvoll. Die Entspannung zusammen mit der Ausatmung dauert wesentlich länger als bei der PMR. Alltagstauglich kannst du mit einem Schütteln der einzelnen Körperteile anfangen, so als würdest du etwas von dir abschütteln. Gehe auch hier achtsam jedes einzelne Körperteil durch. Möchtest du ein Zittern spüren, dann spanne im Liegen deine Bauchmuskeln so lange an, bis du die innerliche Vibration spürst, lasse sie so lange zu, wie du es ohne Schmerzen schaffst. Entdeckst du diesen Mechanismus in dir, kannst du das Zittern immer schneller und besser hervorrufen. Das Programm nennt sich Tension & Trauma Releasing Exercises.

Besonders praktisch empfinde ich die Möglichkeit, dass die Übungen zu Hause vor dem Schlafengehen durchgeführt werden, vielleicht schaffst du es, jeden Tag etwas für den Abbau des erlebten Stresses auf körperlicher Ebene zu tun.

KAPITEL 5

DU, DEIN HUND UND DIE ANDEREN

KOMMUNIKATION – VOM VERSTEHEN UND VERSTANDEN WERDEN

Wenn ich in all den Jahren der Ausübung meines Berufs etwas nennen sollte, das alles verändert und der wohl wichtigste Baustein im Menschsein ist, sogar im Umgang mit unseren Hunden, dann ist es die Kommunikation. Sie kann gleichzeitig Frieden stiften und Kriege entfachen, sie kann manipulieren und wenn man sie in Kongruenz erlebt, also wenn Gestik, Mimik, Körpersprache und Worte im Einklang stehen, ist sie unglaublich ehrlich. Ein geradezu magisches Feld, das für so viel Klarheit sorgen kann, wie es Tretminen an Missverständnissen bereithält.

Eine Überschrift für eine gelungene Kommunikation lässt sich für das Zwischenmenschliche, wie auch Artübergreifende festsetzen: **Dein Gegenüber möchte verstanden werden, genauso sehr wie du es möchtest.** Dabei *kann man nicht nicht kommunizieren*, wie schon der Philosoph, Psychotherapeut und Kommunikationswissenschaftler Paul Watzlawick feststellte. Ein Lebewesen kann ein informelles Verhalten zeigen, das lediglich eine Auskunft über die Befindlichkeit gibt oder es zeigt ein kommunikatives Verhalten, welches dem Wunsch nach Austausch aufzeigt. Nicht jedes Verhalten dient dem **direkten** Bedürfnis nach einem Dialog. Die größte Hürde liegt dabei in der Interpretation. Genau an dieser Stelle entstehen die Missverständnisse, denn jeder von uns deutet mit der eigenen Sicht und den persönlichen Wahrnehmungsfiltern das Verhalten der anderen Menschen oder Hunde.

Ein praktisches Beispiel dazu: Du hast deinen angeleinten Hund bei dir und möchtest aus bestimmten Gründen keinen Kontakt zu anderen Hunden. In diesem Moment kommt ein unangeleinter Hund auf euch zugestürmt. Der dazugehörige Mensch schlendert reaktionslos im Abstand hinterher. Der weitere Verlauf der folgenden Kommunikation kann nun in alle möglichen Richtungen gehen. An dieser Stelle möchte ich auf zwei Möglichkeiten eingehen:

- **Möglichkeit 1:**
  Du: „Hallo, wir wollen keinen Kontakt. Können Sie bitte Ihren Hund an die Leine nehmen?"
  Gegenüber: „Oh, ich habe Sie gar nicht gesehen, ich rufe meinen Hund ran und leine ihn an!"

Hier wird auf deinen Wunsch eingegangen und du fühlst dich gesehen und verstanden. Ein wunderbares Gefühl. Es enthält dieses wünschenswerte Kernmerkmal jeder Kommunikation: andere verstehen und selbst verstanden werden. Leider ist es nicht immer so …

- **Möglichkeit 2:**
  Du: „Hallo, wir wollen keinen Kontakt. Können Sie bitte Ihren Hund an die Leine nehmen?"

Gegenüber: „Das ist doch nicht mein Problem, wenn Sie Ihren Hund nicht im Griff haben. Mein Hund ist nett. Das hier ist ein öffentlicher Platz ohne Leinenpflicht!"

Obwohl du sehr klar und deutlich ausgedrückt hast, was du möchtest (okay, an dieser Stelle sehen wir die Mimik und Körpersprache nicht, die deinen Wunsch passend unterstreichen kann), fand es kein Gehör beim Gegenüber. Was du jetzt empfindest, ist sehr individuell (siehe Kapitel 3). Manch einer tut es mit einem Lächeln ab, schickt den fremden Hund souverän weg, geht weiter des Weges und die Situation ist zügig vergessen. Andere begleitet es intensiver und länger. Falls es dir auch so geht, passiert jetzt einiges in dir: Der Puls und die Atemfrequenz steigen und Emotionen wie Wut oder Traurigkeit kommen hoch. Du fühlst dich nicht verstanden. Ob du jetzt wütend zurückbrüllst, anfängst, dein Bedürfnis zu erklären und dich zu rechtfertigen, oder still und leise nach Hause gehst, um dort dann alles in Gedanken noch einmal durchzugehen, ist situations- und typabhängig.

Dabei tauchen folgende Fragen auf: Was kannst du tun, um besser verstanden zu werden, und was, um besser zu verstehen? Was sind weitere Möglichkeiten, damit dein Stresssystem entspannter und gelassener auf zwischenmenschliche Kommunikationsprobleme reagieren kann? Eines sei vorweggenommen: Es wird in deinem Alltag nicht immer die von dir gewünschte Lösung geben. Es ist die Welt, in der wir leben, es ist unsere Realität. Wir treffen auf Menschen, die andere Werte haben, sich vielleicht aus unserer Sicht rücksichtlos und egoistisch verhalten. Nicht alles wird sich durch die passende Kommunikation verändern. Hier spielt das Thema der Akzeptanz und Selbstbestimmung mit hinein, was kannst du akzeptieren und wo wählst du den Abstand, emotional wie physisch?

Fangen wir zuerst mit den Möglichkeiten des Austausches an. Ein wichtiges Zahnrad im zwischenmenschlichen Getriebe, das Situationen verändern kann. Zusammen mit deinem Bewusstsein **über deine Werte und Vorstellungen** ergibt es ein gutes Rüstzeug für deinen Alltag. Danach gehen wir noch auf Alternativen ein, wenn es hakt im Getriebe, weil dir jemand einen Stein hineingeworfen hat.

MIT ICH-BOTSCHAFTEN ZU MEHR KLARHEIT

Wie in deinem Stresserleben, enthält auch der Austausch einen großen Anteil des Bewusstseins über dich selbst. Deine Position, für die du stehst und die dir wirklich wichtig ist, gilt es zu verdeutlichen. Damit fängt alles an. Je klarer du sie erkennst, je weniger du daran zweifelst, weil es für dich einen Sinn ergibt, desto besser kannst du verstanden werden.

Du hast ein Bedürfnis bei dir erkannt und möchtest dein Anliegen klar und deutlich kommunizieren? Hier kann es dir helfen, mit ICH-Botschaften eindeutige Formulierungen zu finden, ohne deinen Gegenüber versehentlich anzugreifen. Eine ICH-Botschaft trifft viele gute Aussagen:

- Ich trage die Verantwortung für mein Empfinden.
- Ich nehme meine Verantwortung und mich ernst.
- Ich betreibe damit Selbstfürsorge.
- Ich möchte dir etwas über mich mitteilen.

Ein Bewusstsein für die ICH-Botschaften erhalten

Ausgangssituation: Du möchtest auf einem engeren Gehweg mit deinem Hund an einem Menschen mit Hund vorbei, du weißt, dass dein Hund etwas Abstand braucht, um ruhig zu bleiben und sich sicher zu fühlen.
Wie könnten die einzelnen Sätze bei deinem Gegenüber ankom-

men? Welcher Satz formuliert klar, was du möchtest und brauchst und gibt dem anderen Menschen ein gutes Gefühl zur Handlung?
1. „Man könnte den Hund auch auf der anderen Seite führen!"
2. „Hallo, kann ich hier mal vorbei?"
3. „Du könntest auch den Hund auf die andere Seite nehmen, dann komme ich besser vorbei!"
4. „Ich möchte hier entlang gehen, kannst du bitte deinen Hund kurz zur Seite nehmen?" (mögliche Ergänzung, die deinem Gegenüber die Möglichkeit gibt sein Bedürfnis zu äußern: „Wäre das für dich machbar oder soll ich kurz warten?")
Erklärung:
1. Oft sprechen wir in „Man"-Sätzen, obwohl wir eigentlich uns selbst meinen. Das Wort „man" hat eine Allgemeingültigkeit, wie z. B. „Man macht das nicht". Der „ICH-Wunsch" wird hinter der breiten Masse versteckt, da sicher alle so handeln würden und dasselbe denken. Diese Entwertung des ICHs sorgt leider oft für eine unklare Kommunikation. Bei diesem Satz werden die eigenen Bedürfnisse nicht genannt und eine allgemeine Handlungsanweisung ausgesprochen. Es besteht die Möglichkeit, dass der andere Mensch ihn als Angriff wertet.
2. Eine klare ICH-Botschaft, jedoch ohne Handlungsidee. Es kann sein, dass der Mensch nicht genau weiß, wie du vorbeigehen möchtest und seinen Hund an lockerer Flexi-Leine zu dir ausgerichtet lässt. Selbst wenn er deinem Bedürfnis gerne nachkommen möchte.
3. „Du solltest dich ändern, damit ich mich wohlfühle" gibt die Verantwortung direkt an den anderen Menschen ab. In vielen Fällen ist es der Anfang einer Eskalationsspirale, denn dein Gegenüber hat eventuell auch einen Grund, warum er so handelt.
4. Mit dieser „ICH"-Aussage hast du in erster Linie für Klarheit gesorgt. Der Zusatz zeigt dabei kein egoistisches, sondern ein umsichtiges Verhalten. Manchmal wollen wir uns dafür rechtfertigen, warum wir diesen Wunsch haben. Wenn es dich besser fühlen lässt, kannst du eine Begründung hinzufügen: „Mein Hund braucht etwas mehr Raum! Er hat leider nicht so Schönes erlebt!". Auch wenn jetzt einige Coaches sagen würden, dass wir diese Begründung nicht nötig hätten, erlebe ich im Alltag etwas mehr Verständnis, wenn Menschen ein Verhalten in eine Schublade sortieren können.

Außerdem hat nicht jeder Mensch die gleiche Selbstsicherheit, so klar für sich einzustehen. Es darf manchmal ein kleiner Umweg genommen werden, nur um sich selbst gut zu fühlen. Vielleicht braucht es beim nächsten Mal keinen Zusatz mehr.

Stelle dir vorweg die Frage, wie wichtig ein bestimmtes Thema für dich ist. Stufe es ein von 0 (unwichtig) bis 10 (extrem wichtig). Je wichtiger es dir ist, desto weniger Kompromisse solltest du machen, denn du hast sicher einen guten Grund, warum es solche Relevanz für dich hat. ICH-Botschaften helfen dir, dich klar zu positionieren, ohne dein Gegenüber anzugreifen oder manipulieren zu wollen. Nimmst du dazu noch eine wohlwollende Haltung ein und versuchst trotz aller Diskrepanz die andere Seite zu verstehen, bist du eine souveräne Gesprächspartnerin. Bleibst du bei der Sachlage und bei dir, können provozierende Sprüche einfach an dir abperlen. Denn du hast das Wissen, dass dieser Spruch die Gefühlslage deines Gegenübers beschreibt, doch mit dir nichts weiter zu tun hat. Der Titel des Buches trifft an dieser Stelle genau ins Schwarze: „Lass' die anderen reden", denn du weißt um deine Stärken und Schwächen, deine Bedürfnisse und Wünsche, vor allem entscheidest du, wen du in deine Welt hineinlässt und wen nicht.

Je schwerer dein Rucksack aus Kapitel 3 noch ist, desto mehr wirst du gegen trotzige Antworten und verletzte Gefühle ankämpfen müssen. Gebe dir Zeit für Veränderungen, gehe deine Themen noch mal durch, arbeite dich tageweise nach vorne.

Ein Beispiel anhand eines Besuchs bei einer Tierärztin: „Ich möchte meinen Hund enger begleiten und bei ihm bleiben, er kommt aus dem Tierschutz und hat noch zu wenig Vertrauen in andere Menschen".

„Das geht nicht, es ist besser für den Hund. Warum holen Sie sich auch so einen Tierschutzhund? Die machen doch meistens Probleme."

„Ich verstehe Ihre Ansätze und respektiere Sie auch. Habe ich es richtig verstanden: Es gibt keine Möglichkeit für mich und ich muss mir jetzt eine andere Tierärztin suchen? Oder haben Sie noch eine Idee, wie ich meinem Hund mehr Schutz bieten kann?"

Lese den letzten Satz einmal mit verschiedenen Tonlagen: schnippisch, gehässig, genervt und dann ehrlich, wohlwollend und wertschätzend, ohne durch die Worte allein eine Veränderung erreichen zu wollen, sondern nur zur Verbesserung des Verständnisses.

Selbst wenn jetzt keine positive Antwort kommt, bist du bei dir und der Sachangelegenheit geblieben, nicht auf die Frage der Tierärztin eingegangen (die keine ernste Frage war) und **hast eine ICH-Botschaft klar formuliert, ohne den anderen anzugreifen**.

In der Kommunikation ist es stets eine Grundsatzfrage, was sie bezwecken soll.

Einfach mal kurz abwarten …

Wünscht du dir bei deinem Hund mehr Impulskontrolle? Dass er einfach mal abwartet und nachdenkt, bevor er kopflos oder mit zu starken Emotionen losstürmt? Das Gleiche wünsche ich mir manchmal in einer Kommunikation. Bevor wir zu schnell aus einem ersten Impuls bewerten und reagieren, wäre es für das Verstehen und Verständnis sehr gut, mehr Raum durch ein kurzes Innehalten zu bekommen. Das beugt einigen Missverständnissen vor. Auf den nächsten Seiten tauchen wir tief ab in die Kommunikationsgewässer. Wir betrachten die verschiedenen Botschaften, die jede einzelne Aussage besitzt, schauen die Facetten der Kommunikation genau an und finden Entspannung und Erleichterung durch das aktive Zuhören. Lass uns zusammen ein Fundament von Verstehen und Verstandenwerden bauen!

AUF SENDUNG: DIE VIELSCHICHTIGKEIT EINER BOTSCHAFT

Jede gesendete Botschaft enthält

- eine **sachliche Information**,
- eine **Aufforderung**,
- eine **Auskunft zu den eigenen Befindlichkeiten** und
- eine **Aussage, in welcher Beziehung man zueinandersteht**.

Damit beschäftigte sich der Kommunikationspsychologe Schulz von Thun ausgiebig und brachte die Komplexität wunderbar auf den Punkt. Wie alle weiteren Modelle aus dem Bereich, sollen sie für mehr Verständnis sorgen und Missverständnisse verringern.

Das *Eisbergmodell* bildet beispielsweise ab, dass die bewusste und verbale Kommunikation wie bei einem Eisberg als Spitze sichtbar herausragt und circa 20 % ausmacht. 80 % hingegen läuft unsichtbar und oft unbewusst ab, es findet sich in Mimik, Gestik und Tonfall wieder und wird von all unseren Empfindungen und Erlebnissen mitgesteuert. Allein dieses Bewusstsein zeigt auf, wie schwer jeder Mensch aus seiner Haut kann. Das Unbewusste muss erst einmal nach oben geholt werden, wenn Veränderungen gewünscht sind.

Übrigens ist es genau der Anteil, den unsere Hunde sehr gut wahrnehmen, weswegen sie oft wie unser Spiegel wirken. Sie geben uns die Möglichkeit, einen unverstellten Blick auf uns zu werfen. Ob der Anblick für uns immer schön ist, kann ich schwer sagen, aber er kann bereichern, wenn er als Möglichkeit zur Weiterentwicklung wahrgenommen wird.

Alles startet in unseren Gedanken, sie werden zu wahrnehmbaren Handlungen. Manche Menschen besitzen dafür ein feines Gespür, andere weniger, doch unsere Vierbeiner sind fast allesamt Meister im Lesen unserer Signale. Vielleicht hast du es schon einmal erlebt: Du vermutest, dass jemand ein Thema mit dir oder deinem Verhalten hat, du sprichst es an und dein Gegenüber sagt im schnippischen Tonfall: „ICH? Ich habe kein Problem!!“, rollt die Augen, geht weg und schüttelt missfällig den Kopf. Obwohl die Worte eigentlich bedeuten, dass es keine Verärgerung gibt, sagen Tonfall, Mimik und Gestik etwas anderes. Das sind die 80 %, die leider auch viel Spielraum für die Auslegung bieten. Je sicherer du dich in der Situation und mit dir selbst fühlst, desto weniger wird es bei dir Stress auslösen. Vielleicht denkst du: „Ich habe es offen angesprochen, jetzt ist es an meinem Gegenüber, ob er es nutzt, mir sein Empfinden mitzuteilen!“ und schließt damit ab. Bist du allerdings unsicher, kann es sein, dass du ab jetzt anfängst zu grübeln und zu interpretieren. „Was habe ich falsch gemacht? Bestimmt war es mein Verhalten letztens. Da regt sie sich aber echt lange darüber auf, die spinnt doch!“, aus diesen Gedanken entsteht der weitere Umgang mit der Person.

Ein Bewusstsein über die Grundregeln der Kommunikation schafft eine gute Möglichkeit, mit mehr Gelassenheit zu handeln und weniger Raum für stressverschärfende Deutungen zu lassen. Gerade die Mensch-Hund-Welt bietet eine breite Spielwiese, auf der wir üben können, denn wir treten wesentlich intensiver mit fremden Menschen in Kontakt. Dabei tragen wir nicht nur unsere Bedürfnisse vor, sondern stehen ebenfalls für die unserer Hunde ein.

Ich versuche auf den folgenden Seiten die Theorie mit Beispielen aus dem Alltag mit Hunden zu füllen. Die Geschichte von Lilly ganz am Anfang hatte auch eine Sequenz, in der unser Fundament für mehr Entspannung in ihren Gedanken gesorgt hätte. Erinnerst du dich noch an sie? Hier ist sie:

… Letztens rief ihr einer zu: „Eine Hundeschule wäre mal eine gute Idee!“. Eine passende Antwort fiel ihr nicht ein, stattdessen schossen ihr die Tränen in die Augen und sie ging mit hängenden Schultern nach Hause. Diesen Menschen möchte sie auf gar keinen Fall wieder treffen, deswegen geht sie seitdem eine andere Gassirunde. …

Vielleicht fallen dir noch weitere Sätze ein, die du in den letzten Wochen gehört oder selbst gesagt hast, schreibe sie gerne auf, zusammen mit der Situation, die zu dem Satz geführt hat. Achte bitte darauf, dass das Geschehnis mit dem Sichtbaren beschrieben wird, also das, was eine andere Person ohne Interpretation oder Hintergrundwissen ebenfalls gesehen hätte.

- **Situation 1**
  Dein Hund zieht an der Leine zu einem anderen Hund hin.
  Aussage des anderen Menschen: „Eine Hundeschule wäre mal eine gute Idee."
- **Situation 2**
  Ein unangeleinter Hund rennt in deinen angeleinten Hund. Du versuchst laut und deutlich abzublocken.
  Aussage des anderen Menschen: „Jetzt entspannen Sie sich doch, mein Hund ist nett!"
- **Situation 3**
  Ein enger Weg, dir kommt ein weiteres Mensch-Hund-Team entgegen.
  Deine Aussage: „Können Sie bitte Ihren Hund etwas mehr zur Seite nehmen?"

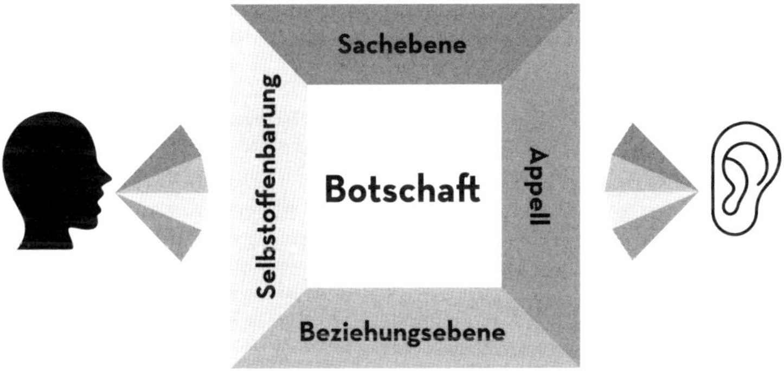

Das Vier-Ohren-Modell (nach Friedemann Schulz von Thun)

Die vier Seiten einer Botschaft

Sachebene (rein informativ)
Worüber informiere ich dich?
Beziehungsebene (zwischenmenschliche Gefühlsebene)
Wie stehe ich zu dir? Was halte ich von dir?
Appell (Aufforderungscharakter)
Was will ich von dir? Wozu fordere ich dich auf?
Selbstoffenbarung (eigene Gefühlsebene)
Was verrate ich über mich? Was gebe ich von meinen Gefühlen preis?

Alle Aussagen enthalten die vier Botschaften. Jetzt gilt es sie richtig zu verstehen, bzw. eine Vorstellung davon zu bekommen, was eventuell unter der Oberfläche der Spitze des Eisbergs schlummert. Doch auch hier werden wir interpretieren! Menschen, Hunde oder Verhaltensweisen in Schubladen zu stecken ist menschlich normal. Es ist dabei besonders wichtig, die Schubladen offen zu halten. Das bedeutet, wir wissen um die Vielzahl der Möglichkeiten und müssen mit weiteren Informationen eventuell neu interpretieren. Behalten wir dabei eine wohlwollende Grundhaltung, sorgt allein dieses Wissen für mehr Verständnis und führt folgend zu einem gelasseneren Umgang. Achte in der folgenden Auslegung der Aussagen einmal auf die **Selbstoffenbarung**. *Was macht dieses Wissen mit dir? Wie verändert sich die Aussage und deine Emotionen?*

- **Situation 1**
  „Eine Hundeschule wäre mal eine gute Idee."
  Die vier Seiten der Aussage:
  Sachebene: Eine Hundeschule bietet die Möglichkeit dich zu unterstützen.
  Appell: Lass dir helfen!
  Beziehungsebene: Ich sehe, dass du überfordert bist.

Selbstoffenbarung: Ich fühle mich nicht wohl in der Situation und habe Sorge, dass dein Hund sich losreißt und auf uns zu läuft. Ich weiß dann nicht, wie ich reagieren soll.

Wie verändert sich die Aussage mit der Betrachtung der vier Seiten für dich? Und wie hättest du die Aussage formuliert, um für mehr Klarheit und weniger Interpretationsspielraum zu sorgen? Zum Beispiel eher sachlich, in einer ICH-Botschaft mit einer offenen Frage am Ende: „Ich kenne das auch, mein Hund hat ebenfalls so gezogen. Ich habe gerade nur Sorge, dass du ihn nicht halten kannst, denn ich kann deinen Hund dann nicht abwehren. Mir hat damals eine Hundeschule geholfen. Bist du schon in einer?“ Fallen dir weitere Alternativen ein, mit denen die Person klar formulieren kann, was sie möchte und gleichzeitig deeskalierend kommuniziert?

- **Situation 2**

  „Jetzt entspannen Sie sich doch, mein Hund ist nett!“

  Die vier Seiten der Aussage:

  Sachebene: Etwas mehr Entspannung kann die Situation ebenfalls entspannen.

  Appell: Bleib ruhig!

  Beziehungsebene: Ich sehe, dass du angespannt bist und bin der Meinung, du musst es nicht sein.

  Selbstoffenbarung:

  Möglichkeit 1: Ich habe schon oft erlebt, dass mein Hund es einschätzen kann, wenn ein anderer Hund keinen Kontakt möchte. Er geht dann einfach weg.

  Möglichkeit 2: Mein Hund hört nicht auf meinen Rückruf, wenn er andere Hund sieht. Ich habe zu spät gesehen, dass du hier stehst und habe jetzt ein schlechtes Gewissen. Aber grundsätzlich ist mein Hund sehr nett.

  Möglichkeit 3: Mir ist es egal, wenn du ein Problem mit deinem Hund hast. Es ist nicht mein Problem.

Wie verändert sich hier die Aussage durch die unterschiedlichen Auslegungen der Selbstoffenbarung für dich? Fallen dir noch weitere Möglichkeiten ein?

- **Situation 3**
  Deine Aussage: „Können Sie bitte Ihren Hund etwas mehr zur Seite nehmen?"
  Die vier Seiten der Aussage:
  Sachebene: Ich brauche etwas mehr Platz.
  Appell: Nehmen Sie bitte Ihren Hund zur Seite.
  Beziehungsebene: Ich sehe, dass Sie nicht erkennen, wie wenig Platz hier ist und dass wir mehr Raum brauchen.
  Selbstoffenbarung: Mein Hund kann mit dem geringen Abstand noch nicht gut umgehen, ich möchte nicht, dass er bellt und in die Leine springt.

An dieser Stelle kann deine Selbstoffenbarung durch verschiedene Emotionen begleitet werden:

- Scham („Wir haben es noch nicht ausreichend trainiert, ich konnte es meinem Hund bisher noch nicht vermitteln, dass er nicht ausrasten muss.")
- Wut/Ärger („Ich ärgere mich, dass ein rücksichtsvoller Umgang nicht automatisch passiert. Es ist doch eigentlich ein Akt der Höflichkeit, etwas mehr Platz zu machen!" Übrigens gibt diese Emotion zeitgleich eine Aussage zu deinem Selbstwert: Rücksicht und Respekt scheinen dir wichtig zu sein.)
- Traurigkeit („Nie werden meine Bedürfnisse gesehen!" oder „Ich kann es einfach nicht, die andere Person ist viel entspannter mit ihrem Hund!")

Jede Emotion darf gefühlt werden, sie hilft dir, einen neuen Umgang zu finden (siehe Kapitel „Emotionen") und klarer zu kommunizieren.

Wenn es für dich jetzt passt, lege gerne eine kleine ROSINENPAUSE ein. Schreibe auf, welche Gedanken dir gerade zu dem Thema durch den Kopf gehen. Fallen dir andere Situationen ein, die du neu bewerten kannst? Auf den nächsten Seiten schauen wir gemeinsam, wie du eine Botschaft verstehen kannst.

AUF EMPFANG: VERSTEHEN, WAS BEI DIR ANKOMMT

Eine Botschaft sendet nicht nur die vier Seiten, sondern sie trifft auch noch auf vier empfangene Ohren. Dabei kann es sein, dass wir ein „Lieblingsohr" haben, mit dem wir das Gehörte beurteilen. Manche Menschen hören dadurch in jeder Aussage sofort einen Appell. So kann die sachliche Information „Der Kaffee ist alle" den Menschen mit dem Appellohr aufspringen lassen, obwohl er dafür nicht zuständig ist. Andere sehen in einer Botschaft gleich den persönlichen Angriff auf der Beziehungsebene. Wieder ein anderer versteht die Aufregung nicht, er hat nur die Sachebene gehört und erkennt das dahintersteckende Bedürfnis nicht. Und dann gibt es noch die Menschen, die in allem ein persönliches Drama vermuten, obwohl der Fokus eher auf der reinen Informationsweitergabe lag.

Die vier Ohren einer Botschaft

Sachebene
Worüber sprichst du rein informativ?
Beziehungsebene
Wie stehst du zu mir? Was hältst du von mir?
Appell
Was willst du von mir? Wozu forderst du mich auf?
Selbstoffenbarung
Was offenbarst du von dir? Welche Gefühle und Gedanken verrätst du?

Wie ist es bei dir? Hast du ein „Lieblingsohr", mit dem du Botschaften oft hörst? Probiere in den nächsten Tagen bewusst, die anderen Ohren zu schärfen, indem du alle vier Seiten wahrnimmst.

Wie du siehst, gibt es einen großen Interpretationsspielraum von gesendeten und empfangenen Botschaften. Es ist nicht immer so wichtig, genau zu wissen, was der andere meint, sondern es geht viel eher um das Bewusstsein, dass das so schnell „Dahingesagte" einen Hintergrund hat. Ich zitiere gerne wieder meinen Lieblingssatz: „Lüftet sich der Vorhang eines Verhaltens, sieht man meistens ein Lebewesen mit einer Bedürftigkeit." **Erkennst du in den Botschaften, dass es keinen absichtlich bösen Hintergrund gab, sondern vielleicht eigene Befindlichkeiten, Ängste oder Sorgen, mildern sich die eigenen Reaktionen ab.**

In meinem Zitat habe ich das Wort „meistens" bewusst als weiteren Hinweis gewählt. Es gibt auch Menschen, die mit Aussagen und Botschaften ihr Umfeld manipulieren wollen. Diese Absicht sofort zu erkennen, ist nicht immer leicht. Doch gibt das Üben im Lesen und Verstehen der Kommunikation, die Möglichkeit die faulen Eier eher zu entlarven und dich so weniger manipulierbar zu machen. Auf den nächsten Seiten nehmen wir uns diesem Thema an.

DAS STEUER FEST IN DER HAND – UMGANG MIT MANIPULATIVEN MENSCHEN

Wertschätzende und wohlwollende Kommunikation ist in den meisten Fällen der Schlüssel zu einem passenden Miteinander, in dem Bedürfnisse und Befindlichkeiten aller Beteiligten ihren Raum erhalten. Der wissende Blick hinter dem Vorhang eines Verhaltens sorgt für mehr Verständnis für die Beweggründe und einer stärkeren Gelassenheit im Umgang. Doch es wäre Augenwischerei, wenn ich

Menschen ausblende, die manipulativ bis hin zu zerstörerisch auf andere wirken können. Es ist ein harter, aber sehr selbstfürsorgender Lernprozess, angemessen auf solche Verhaltensweisen zu reagieren oder den Raum gänzlich zu schließen.

Wenn ein einziges Wort ausreichen würde, um deine Ziele zu erreichen, würdest du es verwenden, obwohl du weißt, dass du damit jemand anderen manipulierst? Einige Menschen würden es oft nutzen und die moralischen Grenzen damit stetig verschieben, andere wären vorsichtiger im Umgang mit dieser Macht, doch kaum einer kann sich komplett davon freisprechen, dass sie sie nicht nutzen würden. Es ist die dunkle Seite des Menschseins, auf die wir alle genauso vorbereitet sein sollten, wie wir offen für das Gute und Schöne im Miteinander sein dürfen.

Obwohl hinter dem Vorhang von stark manipulierenden Menschen ein Sturm von tiefsitzenden Ängsten oder Problemen tobt, gilt es vor allem, sich selbst zu schützen. Es braucht eine gut ausgebaute Resilienz und Selbstsicherheit, um neben manipulativen Personen bestehen zu können. Egal ob ihr Antrieb Egoismus, Narzissmus oder toxische Eigenschaften aufgrund von psychischen Instabilitäten ist, im Alltag braucht es eine klare Positionierung, um den Verletzungen den Raum zu nehmen. Ein guter und selbstfürsorgender Leitspruch ist: Verständnis ist alle, nun folgen Konsequenzen!

Bist du von einem Menschen tief getroffen und willst deine zukünftige Kommunikation mit ihm verändern? Dieser 10-Punkte-Plan gibt dir konkret Schritte an die Hand, um dich auf den Weg zu machen, deine Grenzen zu wahren und dich selbst besser zu schützen.

1. Werde tätig!

   Notiere, was dich bewegt, und bringe Ordnung in deine Gedanken und Gefühle. Dann solltest du schnellstmöglich aktiv werden. Je länger du in einer Opferhaltung steckst, desto schwieriger wird es, die Kontrolle wiederzuerlangen.

2. Kenne deine Werte und verstehe dein Ziel!
Warum dich etwas erschüttert, hat viel mit deinen Ansprüchen und deiner Selbstsicherheit zu tun. Je besser du dich kennst, desto eher kannst du deine Bedürfnisse vertreten, ohne andere dafür verantwortlich zu machen. Werde dir über das Ziel der Auseinandersetzung mit einem manipulativen Menschen bewusst. Was möchtest du konkret erreichen? Je klarer du es für dich vorab definierst, desto weniger angreifbar, desto weniger diskutierbar wird es. So zeigst du dich stark und unerschütterlich in deiner Position.
3. Wer bewegt wen? Behalte die Kontrolle über deine Emotionen!
In der Kommunikation mit „schwierigen" Menschen geht es vor allem um die emotionale Bewegung. Lass dich nicht durch Provokationen aus der Fassung bringen, sonst verlierst du schnell an Stabilität und kommst von deinem Kurs ab. Manchmal hilft als Antwort eine kurze Pause und ein langer ruhiger Blick, um deine Position stabil zu halten. Noch klarer wird es durch deine Formulierung: „Ich gehe auf deine Provokation nicht ein, ich bleibe lieber konstruktiv!". Je sachlicher du denkst und handelst, desto weniger Raum bekommen emotionale Entgleisungen.
4. Bleibe respektvoll und durchschaue Ablenkungsmanöver!
Vermeide Beleidigungen, Wörter wie immer, stets und nur, Provokationen oder Sarkasmus. So zeigst du dich lösungsfokussiert und bleibst konstruktiv. Wenn ein manipulativer Mensch nicht weiterkommt, ist es seine Strategie das Geschehen auf etwas anderes zu lenken. Lasse die Abweichung nicht zu und bringe das Gespräch sanft zurück. „Wir können gerne ein anderes Mal über das Thema sprechen, ich möchte jetzt bei dieser Angelegenheit bleiben."
5. Bleibe bei dir!
Kommuniziere in der „ICH"-Sprache. „Ich fühle, ich denke, ich meine…", um deine Bedürfnisse aufzuzeigen. Verallgemeinerun-

gen („Man macht das nicht!") oder Hilfe zu holen („Die anderen sehen es genauso!") schwächen dich. Das Sprechen in der ersten Person zeigt Stärke und Unabhängigkeit. Deine Meinung und Gefühle allein sind gültig und schätzenswert, es sind deine Grenzen, für die du einstehst.

6. Stehe zu deinen Empfindungen!
Eine gerne genutzte manipulative Aussage ist: „Das ist jetzt aber dein Problem, du bist halt übersensibel!". Deine Gefühle sind legitim und es ist dein Recht, sie zur Sprache zu bringen. Es ist deine persönliche Wahrheit, mit der du ehrlich umgehst. Dein Gegenüber kann eine eigene Wahrheit besitzen, sie schmälert jedoch nicht deine Empfindungen.
7. Sei dir deiner Körpersprache bewusst!
Dabei kann dich dein Hund wunderbar unterstützen. Hier hast du bestimmt schon einiges über die nonverbale Kommunikation gelernt. Erde dich ganz bewusst, richte dich auf, bleibe möglichst auf einem Punkt und setze beide Füße stabil auf den Boden. Atme tief in den Bauch hinein, ziehe die Schultern zurück und verlangsame deine Gesten. Bleibe dabei möglichst körpersprachlich offen, das zeigt, dass du keine Angst vor der Verletzung hast. Versuche eine ruhige Mimik und einen fokussierten und festen Blick, der auf deinem Gegenüber liegt. Der Körper ist ein machtvolles Instrument, um die eigene Stärke auszudrücken.
8. In der Stille liegt die Kraft, halte Pausen aus!
Bevor du dich versuchst zu erklären, weil es dein Gegenüber „vermeintlich" nicht versteht, mache lieber eine Pause nach einem Satz oder einer Frage. Halte die Stille aus, denn du hast den Ball weitergegeben. Lass nun den anderen reagieren.
9. Beantworte ehrliche Signale!
Vielleicht zeigt sich dein Gegenüber wirklich verständnisvoll, gehe darauf ein, wenn es sich für dich echt anfühlt. Ein „Danke, dass

du mich verstehst!“ nimmt Wind aus den Segeln und zeigt, dass du in einer wohlwollenden und wertschätzenden Grundhaltung unterwegs bist. Ein Zurückfeuern oder Ausnutzen der Situation würde dich nur auf die gleiche Stufe stellen. Wenn du eine leere Phrase vermutest und kein echtes Verständnis (beispielsweise bei dem Satz „Das hast du missverstanden!“), dann frage genauer nach: „Was habe ich missverstanden? Was war an deiner Aussage oder Tätigkeit missverständlich?“. Nachfragen zu Details können Manipulationsversuche schnell entlarven.

10. Beende das Gespräch selbstsicher!
    Wenn du deine Botschaft vermittelt hast und keine konstruktive Lösung in Sicht ist, setze einen Schlusspunkt. „Ich beende die Diskussion jetzt an dieser Stelle!“ ist solch ein möglicher Satz. Du darfst über Nähe und Distanz zu der Person entscheiden und dich mental oder auch physisch entfernen. Wichtig ist dabei, dass du zu deiner Entscheidung stehst. Wenn ein konstruktives Gespräch möglich erscheint, dann bleibe dran. Lass die andere Person mit ihren Worten zusammenfassen, was sich nun ändern wird. Wiederhole die Aussagen und frage zum Schluss nach, ob du es richtig verstanden hast.

Und danach: Ziehe Bilanz und gehe in die Selbstreflexion. Was lief gut? Woran darfst du bis zum nächsten „schwierigen“ Umgang üben? Wie kannst du es üben?

Ehrlich zu sich und zu anderen zu sein, besitzt das größte Potenzial zur Veränderung. Dabei ist es wichtig, seine Bedürfnisse zu fühlen und zu kennen, um sie dann nach außen zu tragen. Kommt dazu noch das Wissen, niemals die allgemeingültige Wahrheit zu besitzen, entwickelt sich ein gelassenerer Umgang mit anderen Menschen.

VOM KLEINEN KONFLIKT ZUM GROSSEN DRAMA

Hast du einmal erlebt, wie aus kleinen Konflikten oder Kommunikationsproblemen mit anderen Menschen plötzlich große Dramen wurden? Vielleicht fällt dir in der Rückblende etwas ein, das eventuell weniger dramatisch verlaufen wäre, wenn alle Beteiligten einen anderen Umgang gefunden hätten. Aus solchen Situationen lässt sich mit einem gewissen emotionalen Abstand sehr gut lernen. Dazu möchte ich dir das sogenannte „Dramadreieck" ans Herz legen. Es kann dir eine Hilfe im Alltag sein, zwischenmenschliche Differenzen passend zu klären. 1968 entwickelte der Psychologe Stephen Karpmann im Rahmen der Transaktionsanalyse dazu die Theorie. Damals war es ein neuer Ansatz, dass jeder Mensch eine eigene Persönlichkeitsstruktur aufweist, die in eine Kommunikation einfließt und sie steuert. So wie es allgemeingültig DEN Menschen oder DEN Hund nicht gibt, existiert auch nicht DIE Kommunikation. Stattdessen sind es dynamische Prozesse, in denen sich jederzeit alles verändern kann. Das macht es so spannend, allerdings auch so komplex.

Sobald wir ein Beziehungsverhältnis eingehen, das kann dienstlich, kollegial, freundschaftlich, leidenschaftlich oder in tiefgehender Liebe sein, treffen unterschiedliche Bedürfnisse, Werte und Wünsche aufeinander. Es bedeutet ein Zusammenspiel unserer Erfahrungen, Erwartungen und oft auch alten (psychischen) Narben, die unsere Kommunikation begleiten. Erlernte Muster kommen dabei zum Einsatz, die immer wieder in Erscheinung treten, wenn der Mensch sie nicht erkennt und aktiv gegensteuert. Ein gewisses Konfliktpotenzial ergibt sich automatisch, denn jeder möchte mit seinen Anliegen gesehen und beachtet werden. Aus diesem Grund nehmen wir unterschiedliche Rollen ein, die situativ wechseln können, so wollen wir uns mitteilen und Gehör verschaffen. Sie geben Sicherheit, Bestätigung und Unterstützung, weswegen es nicht so leicht ist, sie zu verlassen, wenn sie anfangen ungesund zu werden. Die Stressforschung spricht dann von einer Dysfunktionalität. Das bedeutet, dass wenn dieses Rollenspiel funktioniert, hat es sogar einen positiven Effekt auf die Kommunikation, wenn nicht, bewirkt es das Gegenteil bis hin zu viel Leid und großen Dramen.

Dienstliche Beziehungen unterliegen dabei den einfachsten Mechanismen. Hier besteht die größte Möglichkeit durch klare Aufgaben- und Rollenverteilung, auch über Nähe und Distanz zueinander, das Konfliktpotenzial geringer zu halten. Gibt es in diesem Bereich Schwierigkeiten, dürfen die Verteilung und die klare Kommunikation unter die Lupe genommen werden. Wesentlich schwieriger und komplexer geht es in leidenschaftlichen und liebevollen Beziehungen zu. Hier wird über Bedürfnisse wesentlich individueller und regelfreier entschieden. Die Emotionen sind stärker. Wer schon einmal verliebt war, kennt dieses Gefühl, im Rausch der Hormone zu sein. Ganze Filmserien basieren auf die Dramen, die sich hier abspielen können.

Zurecht fragst du dich vielleicht, was das Dramadreieck in diesem Buch zu suchen hat, in dem es um Stresscoaching für Hundehalterinnen geht. Der Kommunikationswissenschaftler Paul Watzlawick sagte, dass Kommunikation immer Ursache und Wirkung hat. Wie wir mit unseren Mitmenschen oder uns anvertrauten Lebewesen in Kontakt treten, wird von unseren Befindlichkeiten und Erlebnissen beeinflusst. Die wunderbare Verhaltensbiologin Dorit Feddersen-Petersen schlägt deutlich den Bogen der Kommunikation zum Hund. Sie schrieb in ihrem Buch „Hundepsychologie“, dass das Verhalten eines Hundes von dem beeinflusst wird, was geschehen ist, beeinflusst, was gerade geschieht, und somit ebenfalls, was geschehen wird. Sie war berühmt für ihre Schachtelsätze, deswegen darfst du dir den Satz gerne noch einmal durchlesen. **Nehmen wir diese beiden wichtigen Erkenntnisse unter dem Aspekt des Wunsches nach mehr Gelas-**

senheit im Alltag zusammen, bedeutet es, ganzheitlich auf dein Stresserleben zu schauen. Die Kommunikation mit deiner Umwelt und deinem Hund gehört eindeutig dazu.

Konflikte mit anderen Menschen haben bei uns, als hochsoziale Lebewesen, einen maßgeblichen Anteil an unserem Stressempfinden. Wir tragen diese Befindlichkeiten in die Kommunikation mit unseren Hunden. Zum Beispiel kann es sein, dass du angespannter mit deinem Hund umgehst, wenn der Mensch dir entgegenkommt, mit dem du letztens einen Streit über das Thema Hundehaltung hattest. Fühlen wir uns unwohl, geben wir die Information, oft unbewusst weiter.

Betrachten wir also den Ablauf des Dramadreiecks einmal genauer: Drei Rollen wurden dabei festgelegt, die in der Begrifflichkeit eventuell etwas hart klingen, doch die Beschreibung zeigt dir, was genau gemeint ist. Da es feststehende Begriffe sind, werde ich sie so nutzen.

- Rolle 1: Das Opfer (oder besser: der Mensch, der Hilfsbedürftigkeit signalisiert)
- Rolle 2: Der Retter (oder besser: der Mensch, der sich durch die Signale angesprochen fühlt und zur Hilfe eilt)
- Rolle 3: Der Täter (oder besser: der Mensch, der in der Position ist, bewerten, kritisieren oder kontrollieren zu können)

Es müssen nicht immer drei Menschen sein, die Rollen können auch zu zweit eingenommen und gewechselt werden. Oft ist es ein manipulatives „Spiel“ voller Dynamiken. Wenn das Leid zu groß wird, gibt es nur eine Möglichkeit etwas zu verändern: sich selbst seiner Rolle bewusst werden und aus dem Spiel aussteigen.

Es ist übrigens ein großes Thema aller beratenden Berufe. Hier finden sich oft viele Retter wieder, die ihre Erfüllung und das Sinnerleben im Helfen finden. Durch die Natur ihres Jobs sind sie im direkten Kontakt mit hilfesuchenden Menschen. Eine gute Selbstreflexion ist extrem wichtig, um nicht der Dynamik zu erliegen, zu schnell die

Verantwortung und Lösungskompetenz dem Hilfsbedürftigen abzunehmen. Statt der so wichtigen Hilfe zur Selbsthilfe, entsteht möglicherweise ein ungesundes Abhängigkeitsverhältnis. Das Opfer traut sich immer weniger zu und der Retter übernimmt mehr.

Um die Thematik zu verdeutlichen, tauchen wir einmal in den Alltag eines Dramadreiecks ein. Dir helfen verschiedene Fragestellungen, wenn du ein Drama entdeckst, um den Überblick zu behalten und das Steuerrad wieder in die Hand zu nehmen. Du kannst dir mit den folgenden Schritten selbst helfen. **Achte dabei bitte darauf, dass du der Beantwortung der Fragen viel Zeit gibst und dir selbst oder anderen aktiv zuhörst, statt in die schnelle Lösungsfindung zu gehen.** Hier liegt das große Potenzial der Selbsthilfe, Selbstwirksamkeit und Selbstbestimmung. Befindest du dich bereits in einem Drama, steige so schnell wie möglich aus oder besser noch für die Zukunft: Steige erst gar nicht ein!

HINWEIS

Hast du in deiner Vergangenheit ein Trauma erlebt und du stellst jetzt für dich fest, in einem Dramadreieck zu sein, geht es besonders stark darum, dir dein Gefühl der Selbstwirksamkeit wieder zurückzuerobern. Denn oft werden traumatisierte Menschen von einem alltäglichen Überlebenskampf begleitet. Betroffene denken häufig, sie seien selbst schuld an den Geschehnissen oder dass es normal ist, so andere Menschen zu behandeln oder behandelt zu werden. Es braucht an dieser Stelle mehr Feingefühl für dich bei der Fragestellung, mehr Geduld bei dem Erarbeiten der Antworten und ein kleinschrittigeres Vorgehen. Dein Fokus darf auf deiner Handlungsfähigkeit und der aktuellen Situation liegen: Was kann ich jetzt tun, um etwas zu verändern und aus der Dynamik auszusteigen? Jeder kleine Schritt ist ein Gewinn. Merkst du, dass eine Hilfe zur Selbsthilfe nicht möglich ist, braucht es professionelle Unterstützung bei dem so komplexen Thema.

Werfen wir einen Blick in den Alltag und auf mögliche Aussagen, die das Potenzial haben, aus Konflikten ein Drama zu machen:

Ungesunde (dysfunktionale) Opfer-Haltung

Ein Mensch begibt sich in die hilfsbedürftige Opferrolle und schafft Raum für andere, in die Rolle des Retters oder des Täters zu schlüpfen. Ständig seufzend auf die eigene Überlastung aufmerksam zu machen, jedoch dabei keine konkreten Lösungen auszuarbeiten, wäre solch ein „Opfer"signal. Ein Jammern kann für bestimmte Menschen wie ein ausgelegter Köder wirken. Fühlt sich ein Retter zu schnell angesprochen und „hilft" ohne direkten Handlungsauftrag, besteht die Möglichkeit, dass das vermeintliche Opfer sich über den Retter aufregt, der ihm nun alles entrissen und es einfach nicht passend gelöst hat. Ab jetzt ist der Retter der Täter, der Schuld an dem Dilemma ist. In dieser Dynamik könnte ebenfalls das Opfer zum Täter werden, der jetzt anfängt, andere Menschen für das nicht passende Lösen seines (!) Problems verantwortlich zu machen.

Ganz schön kompliziert? Ja, wir Menschen sind sehr komplex in unserem Verhalten, wenn wir in Beziehung zueinander gehen. Ich versuche es mit folgendem Text etwas übersichtlicher zu gestalten.

- **Mögliche Aussage in einer Opferhaltung:**
  „Mein Hund stresst mich immer so stark, ich habe alles probiert, aber nichts klappt! Ich kann es einfach nicht."
- **Mögliche Fragen entweder an einen selbst (Selbsthilfe) oder durch einen Coach:**
  Was hast du alles probiert? Warum hat es nicht geklappt, wo lagen die Hürden? Was gibt es noch für Möglichkeiten, bei denen du handeln kannst?
- **Mögliche Aussage in einer Opferhaltung:**
  „Die anderen Hundehalterinnen nehmen nie Rücksicht, immer muss ich ausweichen! Dabei bin ich stets höflich zu allen!"

- **Mögliche Fragen:**
  Beschreibe eine der letzten Situationen, in der das passiert ist. Läuft es immer gleich ab oder hast du es schon einmal anders erlebt? Falls du es anders erlebt hast, wo lag der Unterschied? Wo hätte es in der beschriebenen Situation Änderungsmöglichkeiten gegeben? Lass uns jede einzelne Idee aufschreiben, die dir zur Verfügung steht und dich handeln lässt. Auch wenn sie erst einmal unmöglich erscheint.
- **Mögliche Aussage in einer Opferhaltung:**
  „Der andere Mensch hat dafür gesorgt, dass es mir schlecht geht!"
- **Mögliche Fragen:**
  Was hat dich schlecht fühlen lassen? Welche Aussage war es? Wie war sie wohl gemeint, was wollte dein Gegenüber damit bezwecken? Gibt es einen für dich wahren oder konstruktiven Punkt in der Aussage oder passt sie überhaupt nicht zu dir?
- **Selbstreflexion für den Menschen, der häufig in der Opferrolle ist:**
  Wo kann ich selbst die Verantwortung für mein Handeln und Denken übernehmen?
  An wen habe ich die Verantwortung bisher (unbewusst) abgegeben? Wie kann ich besser für meine Bedürfnisse und Werte einstehen? Wie sieht eine konkrete Unterstützung aus, die ich jetzt brauche (so detailliert, wie möglich)?
- **Möglicher Umgang mit einem anderen Menschen, der sich in der Opferrolle befindet:**
  Liegt dir der Mensch am Herzen, ist es möglich, herzlich und verständnisvoll für ihn da zu sein und dabei darauf zu achten, sich doch abzugrenzen. In der Ausbildung zur Hundetrainerin gab es für mich immer einen Leitspruch: „**Mitfühlen ja, Mitleiden nein!**". Du kannst also aktiv zuhören (siehe Kapitel 4), aber den Fokus auf die Handlungsfähigkeit des Opfers legen und so die Lösung

des Problems dem Menschen selbst überlassen. Das steigert übrigens die Lösungskompetenzen und auch die Resilienz. Dabei können dir auch ICH-Aussagen helfen, um aufzuzeigen, dass Lösungen individuell sind. „Ich hätte Folgendes getan, aber es kann sein, dass es nur meine Lösung ist und du eine andere brauchst. Welche Idee hast du?" Wenn du als Coach einen Beratungsauftrag erhältst, kannst du mehrere sachliche (!) Lösungsvorschläge geben, mit dem Hinweis der Wahlmöglichkeit, die du dann akzeptieren musst. So läufst du weniger Gefahr, in die ungesunde Retterrolle zu fallen. Prüfe dabei stets deine Emotionen. Nervt dich nämlich das wiederholte Jammern des Opfers, kann es passieren, dass du in die Täterrolle abrutschtst und Vorwürfe formulierst. Hier darfst du dich und deine Mechanismen kennenlernen. Du hast jederzeit das Recht zu sagen, dass du eine Pause möchtest oder dich gerade nicht um das Thema kümmern kannst. Achte dabei auf deine innere Haltung, ist sie wertschätzend, wirst du passende Sätze formulieren können, die dein Gegenüber nicht verletzen.

Ungesunde (dysfunktionale) Täter-Haltung

Ein Mensch zeigt durch seine Kommunikation und sein Verhalten, es besser zu wissen oder zu können. Er kann auch in einer höher gestellten Position sein und generell der Meinung sein, dass ohne ihn nichts funktionieren würde. Er kritisiert negativ statt konstruktiv, kontrolliert und wertet den anderen ab. Manche neigen auch vermehrt zu sarkastischen und ironischen Aussagen. Fehlender Respekt für die Meinung des Gegenübers und ein Mangel an Empathie sind weitere Punkte in der Rolle des Täters. Lässt sich dadurch ein Mensch in die Opferrolle drängen und fühlt sich schlecht oder verletzt, setzt die Dramadynamik ein. Eine dritte Person kann sich möglicherweise als Retter zeigen und greift den Täter an, um dem Opfer zu helfen. An dieser Stelle möchte ich gerne hinzufügen, dass es sehr leicht erscheint, in dem Täter den Bösen zu sehen, doch auch diese Menschen handeln oft aus einer Not heraus. Eine tiefe Unsicherheit oder Angst sind mögliche Ursachen, lieber anzugreifen, bevor man selbst angegriffen wird. Es kann wie ein Schutzschild vor bereits bekannten Verletzungen sein, sich selbst als Täter selbst zu erhöhen. Wie ich gerne bei offensiv beißenden Hunden sage: „Wer hinter den Vorhang der Aggression schaut, entdeckt oft ein hilfloses Wesen!".

- **Mögliche Aussage in einer Täterhaltung:**
  „Man kann sehen, dass du es nicht kannst! Am besten lässt du es sein."
  „Du hast mit deinem Verhalten dafür gesorgt, dass (wahlweise) dein Hund nicht auf dich hört, ich jetzt schlechte Laune habe, ich dich nicht mehr mag, du keine Aufmerksamkeit mehr von mir bekommst, du die Schuld an den Problemen trägst… "
  „Merkst du eigentlich nicht, dass du das Problem bist? Kein Wunder, dass es bei dir nicht klappt!"
- **Selbstreflexion für den Menschen, der in der Täterrolle ist:**
  Wie geht es mir gerade, was fühle ich?
  Was kann ich tun, um mich innerlich ausgeglichener zu fühlen und die weitere Kommunikation emotional besser sortiert zu führen?
  In welcher Rolle/Position befinde ich mich hier? Habe ich die Rolle anzuleiten und zu führen?
  Ist Kritik gewünscht? Wie kann ich sie konstruktiv/sachlich formulieren, falls sie gewünscht oder nötig ist?
  Was möchte mein Gegenüber mit seiner Kommunikation bezwecken, was ist der Hintergrund? (dabei ist eine offene, neutrale und wertschätzende Haltung wichtig)
  Kann ich mich in die Person hineinfühlen? Empathie ist einer der Schlüssel zu mehr Verständnis.
  Für was trage ich in dieser Beziehung die Verantwortung? Welchen Anteil habe ich an dem Konflikt?

- **Umgang mit einem anderen Menschen in der Täterhaltung:** Prüfe die Aussagen auf Sachinhalt und Konstruktivität. Du kannst dich stets darauf beziehen. Dabei ist es viel wert, sich selbst zu kennen, mit allen Schwächen und Stärken. Fehler dürfen passieren und Schwächen darf ebenfalls jeder haben. Je mehr wir uns dem bewusst sind, desto gelassener können wir agieren und reagieren.

Täter: „Immer bist du unpünktlich, dir ist wohl alles egal, kein Wunder, dass bei dir so vieles nicht klappt!"

Das Nicht-Opfer bezieht sich auf die Fakten: „Das stimmt ich bin zu spät. Ich kann verstehen, dass es deine Zeit geraubt hat, danke für das Warten!" Somit wurde nicht auf die beleidigenden Inhalte eingegangen. Wer möchte, kann dazu noch ruhig und sachlich sagen: „Das ist übrigens kein Grund beleidigend zu werden!"

Täter: „Du bist so unorganisiert und planlos, da musst du dich nicht wundern, wenn du das alles nicht schaffst! Was kannst du eigentlich?"

Das Nicht-Opfer: „Du meinst, dass ich chaotisch bin? Das stimmt, es ist ein Nebenprodukt meiner Kreativität. Jede Medaille hat halt zwei Seiten! Auf meine kreative Seite bin ich echt stolz!"

Das Nicht-Opfer, nachdem der Täter angreifende Vorwürfe gemacht hat: „Ich verstehe deinen Ärger, doch möchte mich nur sachlich und wertschätzend mit dir darüber unterhalten, um eine Lösung zu finden. Schaffen wir das oder sollen wir es auf später vertagen?"

Steige nicht in die Emotionalität ein oder fange an, dich mit vielen Worten zu rechtfertigen, damit läufst du Gefahr, in die Opferrolle zu fallen.

Bleibe bei dir, prüfe deine Werte und Bedürfnisse und kommuniziere in ICH-Botschaften. Damit gibst du weniger Raum für die Täterrolle. Gönne dir für dieses Hineinfühlen eine Pause vom Geschehen, wenn nötig. Das darfst du jederzeit formulieren: „Ich möchte darauf nicht sofort antworten, ich komme auf dich zu, wenn ich bereit bin!"

Ist kein konstruktiver Umgang für dich möglich, hilft die körperliche und geistige Distanz zum Täter.

Wenn du es schaffst, unterstützt Humor und Schlagfertigkeit enorm. Dazu musst du allerdings der Typ sein. Ich bin es leider nicht, doch bewundere ich humorvolle Konter, die direkt den Wind aus den Segeln nehmen. Vorsicht ist in dem Bereich allerdings geboten, denn wirkt der witzige Spruch wie ein Angriff, kann es zu entsprechenden Reaktionen seitens des Täters kommen, der mit seiner Kommunikation etwas bezweckt und sich durchaus über deine Reaktion ärgern kann.

Täter: „Dein Hund trägt einen Maulkorb, daran sieht man, dass du ihn nicht im Griff hast!" Nicht-Opfer: „Das ist kein Maulkorb, das ist ein Trenngitter, welches die nervigen Menschen/Hunde von uns abhalten soll! So eines würde ich gerne auch besitzen!"

Täter: „Und du wunderst dich, dass dein Hund dich nicht ernst nimmt? Du benimmst dich wie eine weinerliche Lusche!"

Das Nicht-Opfer: „Du hast ja recht, ein bisschen mehr Ernst täterätäte uns jetzt gut!"

Ungesunde (dysfunktionale) Retter-Haltung

Manche Menschen nehmen sehr schnell und fein die Signale anderer Menschen wahr, die ein Problem oder einen Konflikt haben. Manchmal reichen schon ein fragender Blick und ein tiefer Seufzer aus, um sie zu aktivieren. Sie bieten sich als helfende Hand an und machen sich an das Lösen der Aufgabe. Die ungesunde Haltung dabei ist, dass sie retten, ohne einen konkreten Auftrag erhalten zu haben, häufig aus der Motivation heraus, Bestätigung oder eine Aufwertung zu bekommen. Dem Opfer werden dabei wichtige Kompetenzen abgenommen, nämlich selbstwirksam und selbstbestimmt das eigene Problem zu beheben. Ist das Feedback nach der Rettung nicht dankbar genug oder werden die Lösungsvorschläge nicht angenommen, kann der Retter in die Täter- oder Opferrolle wechseln. „Ich wollte dir ja helfen, aber anscheinend willst du dich lieber im Mitleid suhlen und nichts verändern!", sagt der Retter nun als Täter. „Schade, dass meine gutgemeinten Ratschläge kein Gehör bei dir finden. Ich bin es wohl nicht wert…", sagt der Retter nun als Opfer. Das Drama nimmt seinen Lauf …

An dieser Stelle möchte ich gerne einen Bezug zu der Hundehaltung herstellen. In diesem Bereich gibt es auch einige Menschen mit rettenden Gedanken, sie sehen überall misshandelte Tiere, die es bei ihnen besser haben werden. Sie umsorgen, helfen und retten, wo es nur geht. Auf der einen Seite eine löbliche Haltung, doch nur solange es gesund und funktional bleibt. Die Grenze zwischen angemessener Belastung und Überlastung verschwimmen schnell. Ein weiterer Faktor ist die gedankliche Schublade, in der manche geretteten Hunde landen. Werden als „armer Angsthund" dem Vierbeiner keine eigenen Entscheidungen zugetraut und wichtige Erfahrungen (dazu gehören auch negative, jedoch keine traumatischen!) nicht zugelassen, wird er in die Opferrolle geschoben und ein Wachstum seiner Kompetenzen gehemmt. Es kommt zu einer Rollenverteilung, die dem zwischenmenschlichen Dramadreieck ähnelt, der Mensch als Retter, der Hund als Opfer. Beißt der Hund dann, als unverstandenes Lebewesen, zu und zeigt sich nicht wie erwartet dankbar, heißt das Ende des Dramas häufig „Tierheim". In manchen Fällen auch die Spritze in einer veterinärmedizinischen Praxis.

Kaum ein Retter, Täter oder Opfer findet sich aus böser Absicht in die Rolle ein, häufig sind es Muster aus der Vergangenheit, die dazu führen. Es braucht Verständnis, um die Rollen zu erkennen und sich aus ihnen zu lösen.

- **Mögliche Aussagen oder Gedanken in der Retterhaltung:**
  „Ich komme und helfe dir sofort! Ich sehe ja, dass du es nicht schaffst!"
  „Ja, der andere ist definitiv Schuld daran, ich helfe dir da hinaus!"

„Ich habe so viel für euch getan und das ist jetzt der Dank?"

Selbstreflexion für den Menschen, der in der Retterrolle ist:
Wenn du jemandem hilfst: Wurdest du um Hilfe gebeten?
Ist es geklärt, in welchem Rahmen du unterstützen darfst?
Wertest du bei deinem Hilfsangebot jemanden ab oder auf (dich selbst und andere)?
Siehst du Kompetenzen bei dem anderen Menschen, seine Probleme selbst zu lösen?
Wie würde eine Hilfe zur Selbsthilfe in dem Fall aussehen?
Hältst du es aus, wenn dein Gegenüber für dich nicht passende Lösungsversuche unternimmt und seine eigenen Erfahrungen sammelt?

- **Möglicher Umgang mit einem Menschen in der Retterhaltung:** Falls du gerade ungefragt gerettet wirst, versuche direkt zu formulieren, was du wirklich brauchst. Formuliere klar, wenn du nur ein offenes Ohr benötigst oder etwas Mitgefühl.
  Du kannst eine freundliche Grenze ziehen: „Danke für dein Engagement, aber ich möchte keine Ratschläge, ich brauche nur jemanden, der zuhört! Ich würde gerne meine eigenen Lösungen finden."

Wir sind jetzt tief in die dysfunktionalen Rollen eingetaucht und vielleicht sind in dir Bilder von alten Konflikten hochgekommen, die mit dem jetzigen Wissen anders verlaufen würden. Nimm dir gerne die Zeit für die Bilder, wenn es für dich passt. Es hilft manchmal, um alte Narben etwas zu mildern. Den Fokus möchte ich zum Schluss des Kapitels auf die gesunden und förderlichen Rollen- und Denkmuster legen. Denn natürlich darfst du ein hilfesuchender oder rettender Mensch sein und manchmal bist du auch in der Position anzuleiten, zu kritisieren, damit etwas besser läuft oder du gibst einem Team deine Unterstützung. All das kann in einem sehr gesunden Maß stattfinden, das für alle Beteiligten bereichernd ist.

- Sei statt „das Opfer“, lieber **der Hilfesuchende**.
  Du spürst deine Bedürfnisse, nimmst deine Emotionen wahr und an.
  Du bittest aktiv und konkret um Hilfe, wenn du Schwierigkeiten hast.
  Du suchst eigene Möglichkeiten, um den Konflikt selbst zu lösen.
  Du erkennst wiederkehrende Muster in deiner Kommunikation, reflektierst sie und versuchst sie gegebenenfalls zu durchbrechen.
- Sei statt „der Täter“, lieber **der konstruktive Verhandler.**
  Du gibst ein konstruktives Feedback, ohne abzuwerten, wenn es erwünscht ist oder du in der Rolle bist.
  Du vertrittst deine eigenen Interessen, aber tolerierst andere Meinungen und Gefühle.
  Du trittst selbstsicher auf und bist dir deiner Wünschen und Bedürfnisse bewusst.
  Du brauchst keinen abstrafen, du kannst notfalls deine persönlichen Konsequenzen ziehen.
  Du kannst verzeihen und weißt, dass jeder Mensch Stärken und Schwächen hat.
- Seit statt der Retter, lieber **der Unterstützer**.
  Du fühlst mit, aber leidest nicht mit.
  Du besitzt eine Fürsorge für andere, ohne dich dabei selbst aufzugeben.
  Du grenzt dich ab, aber hilfst im klar formulierten Rahmen.
  Du gestehst anderen zu, die Verantwortung für ihre Probleme selbst zu übernehmen.
  Du erwartest keine Lobeshymnen, wenn du hilfst.
  Du zeigst echtes Interesse, kannst aktiv zuhören und respektierst andere Lösungswünsche.
  Du gibst im Rahmen deiner Möglichkeiten Hilfe zur Selbsthilfe.

Rosinenpause

Schreibe gerne deine Erkenntnisse auf. Was empfindest du? Welche Bilder kamen hoch? Was resultiert daraus für dich?

DER UMGANG MIT EINEM SHITSTORM

Bestimmt hast du auch schon einmal einen Shitstorm mit- oder selbsterlebt. Es ist sehr erschreckend, wie schnell sich ein Mob zusammenfindet und eine gefährliche Eigendynamik entwickelt. Schnell steht man als Betroffene dem völlig hilflos gegenüber und kämpft mit allerlei Befürchtungen und Ängsten. Die Psychologie der Dynamik einer Masse haben sich verschiedene Forscherinnen gewidmet. In der heutigen Zeit der sozialen Medien ist es ein großes Thema geworden, das ich ebenfalls passend für dieses Buch empfinde. Denn „Lass die anderen reden" bekommt noch eine ganz andere Bedeutung, wenn wir schwarz auf weiß von völlig fremden Menschen Beschimpfungen oder Drohungen lesen und das Gefühl haben, dass Fackeln und Forken für eine gemeinsam Jagd auf einen selbst ausgepackt werden. Im echten Leben face to face ist diese Thematik weniger real, in den Social Media-Kanälen ist sie stark präsent.

Was steckt hinter diesem Phänomen? Die Forschung hat verschiedene Ansätze herausgearbeitet, die jedoch immer noch heiß diskutiert werden. Zu einer deutlichen Positionierung fehlt noch einiges, doch es kristallisieren sich unterschiedliche Faktoren heraus, die alle zusammenspielen, wie so oft ist es auch hier ein Multi-Faktoren-Modell.

- Die Anonymität im Internet gibt die Möglichkeit, seine Meinung unreflektiert preiszugeben. Denn es folgen kaum Konsequenzen. Würde ein Mensch dieses Vis-à-Vis tun, müsste er mit dem Rückkopplungseffekt zurechtkommen: Bei einem rüpelhaften Benehmen droht der Ausschluss. Ein Effekt, der einem sozialen Lebewesen dazu verhilft, sich der Gesellschaft anzupassen.

- Alleine nimmt der Mensch eher seine persönliche Verantwortung wahr, in der Masse löst sie sich auf, sie wird übergeben an den Mob. Die Hemmschwelle für Handlungen sinkt deutlich.
- Unsicherheit und Unklarheit befeuern Dynamiken, da sie viel Spielraum für Interpretationen lassen.
- Unterdrückte Gefühle, die ich in diesem Buch die „dunkle Seite" nenne, finden ihren Abbau. Menschen, die sich nicht mit sich, ihrem Alltag und ihrem Stresserleben auseinandergesetzt haben, nutzen die sozialen Medien als Bewältigungsmechanismus. Pöbeln und Mobben schütten nachgewiesen Glückshormone aus. Es gibt das Gefühl von Macht. Wer dieses dringend nötig hat, um sich besser zu fühlen, hat oft genau das Gegenteil erfahren.
- Confirmation Bias: Diesen Bestätigungsfehler haben wir bereits in Kapitel 3 ausgiebig betrachtet. Er kann auch hier zum Tragen kommen. Die Menschen, die sich in einer Filterblase befinden, schaffen es nicht, alle Facetten zu betrachten. Sie sehen, was sie sehen wollen.
- Das Gefühl der Gemeinsamkeit ist ein beglückendes Gefühl, das uns sozialen Lebewesen bisher ein Überleben gesichert hat. Die Natur hat dafür gesorgt, dass wir nach Zusammenhalt streben, denn so sind wir stärker und können den Widrigkeiten trotzen. Leider entsteht diese Dynamik ebenfalls bei einem Shitstorm. Das Empfinden, für die gleiche Sache zu kämpfen, erfüllt den Menschen und so wird nicht mehr hinterfragt, sondern einfach mitgelaufen. Ein Schneeball-Effekt, der alles mitreißt.

Falls du einmal einen Shitstorm (mit)erlebt hast, fällt dir vielleicht etwas Entscheidendes auf: Das alles hat nichts mit dir oder dem Ersteller der Texte, Videos oder Bilder zu tun, die jetzt diesen Sturm der Entrüstung ernten. Es hat mit der Dynamik der Masse zu tun.

Hier gibt es keinen Raum mehr für logische Argumente oder einen Meinungsaustausch.

Wie kannst du also mit einem Shitstorm umgehen?

- **Möglichkeit 1**
  Wenn du selbst betroffen bist, kannst du versuchen, alles ins Leere laufen zu lassen und auf ein Ignorieren zu setzen. Bleibe dabei aber bei deinen Gefühlen und arbeite mit ihnen. Scham, Wut und Trauer müssen von dir wahrgenommen werden. Es ist okay, sich so zu fühlen. Doch du bist nicht verantwortlich dafür, was völlig fremde Menschen fühlen. Nimm dir eine Auszeit von den sozialen Medien, tue dir was Gutes, um Abstand zu gewinnen.
- **Möglichkeit 2**
  Wenn du dich in deiner Mitte befindest und ein gutes Gefühl der Sicherheit in dir trägst, kannst du Hasskommentare öffentlich machen. So gehst du aus der Opferrolle raus und bekommst das Gefühl der Handlungsfähigkeit wieder.
- **Möglichkeit 3**
  Bei besonders heftigen Kommentaren, die deutlich mobben oder dir sogar Angst machen, kannst du bei der Polizei eine Anzeige machen. Fertige dazu Screenshots an und dokumentiere alles. Du hast bei fast allen Social Media-Diensten die Möglichkeit zu blockieren und zu melden, nutze es.
- **Möglichkeit 4**
  Lerne aus dem Shitstorm. Mit ein wenig Abstand kannst du in die Reflexion gehen. Wo lag das Missverständnis? Warum wurde es so aufgenommen, welche Aspekte haben die Menschen darin gesehen? Gab es auch konstruktive oder berechtigte Kritik? Was würdest du mit dem jetzigen Wissen anders machen? Falls du beispielsweise merkst, dass du jemanden unbeabsichtigt beleidigt hast, kannst du dich ehrlich entschuldigen. Das beru-

higt eine aufgeheizte Debatte oft enorm.

Und für uns alle gilt: Macht nicht mit bei einem Shitstorm. Erkennt die Dynamik, hinterfragt ehrlich und wohlwollend und lasst eine Fehlerkultur zu. Jeder Mensch macht einmal Fehler oder schießt über das Ziel hinaus. Ein altes Sprichwort, das mich in meiner Kindheit sehr genervt hat, passt hier perfekt hinein: „Was du nicht willst, das man dir tu, das füg auch keinem anderen zu."

WENN EIN RAT WIE EIN SCHLAG WIRKT: UMGANG MIT RATSCHLÄGEN

„Ich kläre dich jetzt einmal auf, wie dein Hund sich hier verhalten hat. Ich hatte bereits zig Hunde und kann dir genau sagen, was hier gerade falsch gelaufen ist". Fliegen dir diese Sätze entgegen, ist die erste Frage an dich: Hattest du um die Aufklärung gebeten? Wenn nicht, kannst du an dieser Stelle bereits klar mit einer ICH-Botschaft kommunizieren: „ICH möchte deinen Ratschlag nicht!" Wenn du dabei höflich und wohlwollend sein möchtest, kannst du natürlich noch ergänzen: „Aber vielen Dank für dein Bemühen." Dieser Satz zeigt jedoch nur seine Wirkung, wenn er ehrlich gemeint ist, denn sonst passen Mimik, Gestik und Stimmlage nicht zu dem Gesagten und es bietet mehr Stoff für eine Eskalation.

Eine Aufklärung beinhaltet immer das Nennen von Fakten. Das ist eine gute Möglichkeit, um Wissen zu vermitteln. Möchte dein Gegenüber aber nur seine Meinung unter den Deckmantel der Aufklärung wiedergeben, ist es keine Wissenserweiterung. Wird er dann noch versuchen, seine Meinung zu deiner Meinung zu machen, sind wir in dem Bereich einer bewussten oder unbewussten Manipulation angekommen. Das zu erkennen ist nicht immer leicht, doch falls es der Fall ist, sollten Grenzen gezogen werden, um gar nicht erst in das entstehende Dramadreieck einzusteigen. Denn ein „Retter" braucht eine hilflose Person, die du vielleicht nicht sein möchtest, weil du deinen eigenen und persönlichen Weg finden willst.

Die Sympathie, bzw. die Beziehung zu dem Ratschlag erteilenden Menschen, ist ein weiterer Faktor, wie die Aussage von dir aufgenommen wird. Stelle dir den Satz am Anfang aus dem Mund einer Person vor, die du sehr schätzt und magst. Er bekommt einen anderen Klang, vielleicht eher fürsorglich und wohlwollend. Selbstverständlich kannst du auch hier eine freundliche Grenze ziehen, beispielsweise „Danke für das Mitteilen deiner Erfahrung. Ich freue mich schon darauf, mir meinen eigenen Erfahrungsschatz aneignen zu können. Denn am besten passen sie doch zu dem, der sie macht!"

Ungefragte Ratschläge wirken manchmal wie Schläge und können einen Menschen verletzen oder in einer destruktiven Kommunikation münden, bei dem die Empfängerin anfängt, sich zu rechtfertigen und wütend, trotzig oder traurig reagiert. Da Kommunikation immer kreisförmig ist, kann sowohl die Senderin darauf achten, ob der Rat erwünscht ist, als auch die Empfängerin sich notfalls passend positionieren.

Wenn du dir unsicher bist, helfen dir folgende Denksätze in einer Situation, bei der entweder dir ein Mensch helfen oder du jemandem unter die Arme greifen möchtest:

- „Dein Leben ist nicht mein Leben."
- „Dein Denken unterscheidet sich von meinem Denken."
- „Dein Alltag ist ein anderer als meiner."

So wertest du dein Gegenüber nicht ab, sondern akzeptierst die anderen Umstände seines Denkens und Handelns und lässt dich nicht von ihnen beeinflussen. Du kannst deinen ganz eigenen Weg finden, genauso wie dein Gegenüber.

DER GRÖSSTE SCHATZ UNSERES MENSCHSEINS: UNTERSTÜTZUNG

Ungefragte Ratschläge sind selten bereichernd, doch es gibt Situationen, bei denen dich ein Mensch, den du schätzt, um Unterstützung bittet. Oder du arbeitest in einem beratenden Beruf und bekommst den Auftrag dazu.

Wir Menschen sind hochsoziale Lebewesen, die den Austausch brauchen. Es steckt so tief in unserer Genetik, dass wir krank werden, wenn dieses Grundbedürfnis nicht erfüllt wird. In früheren Experimenten aus dem 13. Jahrhundert führten Versuche, Kinder ohne soziale Zuwendung aufwachsen zu lassen, zum Tod. Inwieweit diese Untersuchungen wirklich stattfanden, sieht die Fachwelt eher kritisch, doch völlig abwegig ist es nicht. Neuere, nicht so grausame Studien, zeigen deutlich, dass fehlende soziale Interaktion von dem Körper als Gefahr und Stressor wahrgenommen wird (Eisenberger, Liebermann, 2003; Makinodon, Rosenn, 2012; Doane und Adam, 2010; Lacey, Kumari, 2014).

Dein Körper weiß genau, was du brauchst. Durchlebst du gerade eine Krise und fühlst dich wenig selbstwirksam, sie selbst zu lösen, schüttest du Stresshormone und Neurotransmitter aus. Einige Gegenspieler davon (u. a. Dopamin und Oxytocin) bringen dich in eine Motivation, aktiv Anschluss zu suchen. Die Intensität des Bedürfnisses ist allerdings individuell, manche Menschen brauchen viel Kontakt nach außen, anderen reicht die eine beste Freundin. Im Jahr 1992 wurde erstmalig per bildgebendem Verfahren festgestellt, dass eine erfolgreiche Psychotherapie aufgrund von Gesprächen und Verständnis, ganz ohne Medikamente, bei psychologischen Störungen, wie bei einer Zwangsneurose, das Gehirn positiv verändert (Baxter, 1992; Kandel, 2000; Saxena, 2002). Die „Sprechende Medizin" ist mittlerweile ein Sammelbegriff der Prozesse geworden, wenn durch die passende Kommunikation beispielsweise zwischen einer Ärztin und einer Patientin ein nachgewiesener heilender Effekt zustande kommt.

Sämtliche Untersuchungen in diesem Bereich zeigen die Grundmotivation auf, also warum wir Ratschläge geben, Beistand wollen und bestimmte Signale zur Unterstützung senden und empfangen. Wenn du das Gefühl hast, dass jemand deine Zuwendung braucht, kannst du mit einer Frage prüfen, ob es wirklich der Wunsch deines Gegenübers ist. *„Möchtest du meine Unterstützung haben?"*, *„Ich möchte dich gerne unterstützen, darf ich?"* *oder „Ich merke, dich beschäftigt etwas, ist es okay, wenn ich nachfrage?" sind mögliche Fragestellungen.*

Ein paar Stolpersteine hält die zwischenmenschliche Kommunikation gerne für uns bereit, wie du es im Dramadreieck und den vier Seiten einer Botschaft erkennen konntest. Es mag sich komplex anhören, einem Menschen zu helfen, doch es gibt eine Möglichkeit, die immer ihre heilsame Anwendung findet, selbst wenn du keinen therapeutischen oder beratenden Hintergrund hast! In diesem Bereich werden keine Grenzen überschritten und er lässt noch genug Raum, um den hilfesuchenden Menschen eine eigene Lösung finden zu lassen: **das aktive Zuhören**. Es ist mal wieder eines der ganz natürlichen Wunder, die so viel Gutes bewirken können.

Das erste Mal kam ich damit in den Kontakt, als ich den Roman „Momo" von Michael Ende las. Damals war es mir noch nicht bewusst, was es war, aber die geschriebenen Zeilen faszinierten mich. Viele Jahre später traf ich wieder auf den Text, diesmal im direkten Zusammenhang mit der Benennung der Geschehnisse. Hier ist der Ausschnitt:

„... Was die kleine Momo konnte wie kein anderer, das war: zuhören. Das ist nichts Besonderes, wird nun vielleicht mancher Leser sagen, zuhören kann doch jeder. Aber das ist ein Irrtum. Wirklich zuhören können nur ganz wenige Menschen. Und so wie Momo sich aufs Zuhören verstand, war es ganz und gar einmalig.

Momo konnte so zuhören, dass dummen Leuten plötzlich sehr gescheite Gedanken kamen. Nicht etwa, weil sie etwas sagte oder fragte, was den anderen auf solche Gedanken brachte, nein, sie saß nur da und hörte einfach zu, mit aller Aufmerksamkeit und Anteilnahme. Dabei schaute sie den anderen mit ihren großen, dunklen Augen an und der Betreffende fühlte, wie in ihm auf einmal Gedanken auftauchten, von denen er nie geahnt hatte, dass sie in ihm steckten.

Sie konnte so zuhören, dass rastlose oder unentschlossene Leute auf einmal ganz genau wussten, was sie wollten. Oder dass Schüchterne sich plötzlich frei und mutig fühlten. Oder dass Unglückliche und Bedrückte zuversichtlich und froh wurden. Und wenn jemand meinte, sein Leben sei ganz verfehlt und bedeutungslos und er selbst nur irgendeiner unter Millionen, einer, auf den es überhaupt nicht ankommt und der ebenso schnell ersetzt werden kann wie ein kaputter Topf – und er ging hin und erzählte alles das der kleinen Momo, dann wurde ihm, noch während er redete, auf geheimnisvolle Weise klar, dass er sich gründlich irrte, dass es ihn, genauso wie er war, unter allen Menschen nur ein einziges Mal gab und dass er deshalb auf seine besondere Weise für die Welt wichtig war. So konnte Momo zuhören! …"

Eine wunderbare Geschichte, die diesen Effekt in perfekte Worte kleidet. Denn in der Kommunikation geht es immer um Verstehen und den Wunsch, verstanden zu werden. Möchtest du einen Menschen unterstützen, versuche dich und deine Gedanken bewusst zurückzunehmen und schenke ihm deine volle und bedingungslose Aufmerksamkeit. Vielleicht schaffst du es, dich in die Erzählung deines Gegenübers hineinzuversetzen und sozusagen „mitzuschwingen". Schaffst du einen Raum des Vertrauens gefüllt mit echtem Interesse, kannst du eine unglaublich große Unterstützung sein. Ernstgemeinte Fragen, wie: „Was schlussfolgerst du daraus?", „Welche Erkenntnisse konntest du gewinnen?", „Gab es schon einmal ähnliche Situationen, wie hast du sie gelöst?", sind ein Appell an die Selbstwirksamkeit, statt einem

Menschen alles abzunehmen. Die Last wiegt weniger durch das Gespräch, doch die Hürden darf der Mensch alleine nehmen. Für mich persönlich ist es ein Akt des Respekts anzuerkennen, dass ich vor einer mündigen Person stehe und ihre Kompetenzen zur Lösung eines Problems nicht infrage stelle.

Manchmal ist es nicht einfach, aktiv zuzuhören, ich kenne es von mir. Als extrovertierte Person, die lösungsorientiert denkt und seit vielen Jahren in einem beratenden Beruf arbeitet, muss ich im privaten Bereich aufpassen, nicht zu schnell in eine aktive Rolle (des Retters) zu schlüpfen. Zum Glück habe ich ein Umfeld, das mich recht schnell erdet und mir nur allzu gerne den Spiegel vorhält (Kinder und Schwestern sind doch etwas Wundervolles, zwinker). So darf ich mich im Zuhören üben und merke immer wieder, dass es der Schlüssel zum Verstehen und Verstandenwerden ist.

Möchtest du es einmal bewusst ausprobieren, dann schenke folgenden Kennzeichen deine Beachtung:

- **Nicht unterbrechen.**
  Wenn die eigenen Gedanken rasen oder plötzlich eigene Erlebnisse durch den Kopf rauschen, fällt es schwer, diese für sich zu behalten. In anderen Gesprächen mag es in einen wundervollen Dialog dadurch gehen, doch beim aktiven Zuhören geht es vor allem darum, dem anderen Menschen den Raum zu geben und seine Gedankengänge zu ergründen. Eine Unterbrechung würde den Prozess eventuell stoppen. Es ist ebenfalls eine gute Übung der eigenen Geduld, beispielsweise kleine Gesprächspausen aushalten zu können.
- **Offene Fragen stellen, ohne zu bewerten.**
  Entsteht eine längere Pause, können Fragen ermuntern weiterzudenken und bekunden auch dein Interesse. Dabei achte ein wenig darauf, dass deine Meinung (in Gestik, Mimik, Stimmlage) nicht aus Versehen mitschwingt, nach dem Motto: Meinst du das war

jetzt so gut? *Augenbrauenhochzieh*. Offene Fragen sind beispielsweise: Wie hast du dich dabei gefühlt? Was hat dich dazu bewogen? Kannst du mir das genauer erklären? Was würdest du dir wünschen?

- **Körpersprachliches Zuhören.**
  Wir Hundehalterinnen haben hier einen großen Vorteil, denn unsere Vierbeiner sind in dem Bereich wahre Lerngeschenke. Eine positive nonverbale Körpersprache trägt zu einer Wohlfühlatmosphäre maßgeblich bei. Leichtes Zurücklehnen, um dem Gegenüber mehr Raum zu geben, ein offener und zugewandter Blick (ohne zu fixieren), ein Nicken oder Lächeln an den passenden Stellen, das Spiegeln der Körpersprache … es gibt viele Signale, bei denen sich ein Mensch gerne öffnen mag. Oft laufen sie unbewusst ab, doch du darfst gerne versuchen, dir deiner Gestik und Mimik bewusst zu werden. An dieser Stelle empfehle ich von Herzen die Bücher und Seminare von Sami el Ayachi, ein sehr guter und hoch empathischer Hundetrainer, der sich intensiv mit den Feinheiten der Körpersprache auseinandergesetzt hat. Das Wissen bereichert nicht nur die Mensch-Hund-Beziehung, sondern hilft auch im alltäglichen Umgang mit anderen Menschen.
- **Das Gehörte zusammenfassen.**
  Ist dein Gegenüber fertig mit dem Erzählen, kannst du seine Worte kurz zusammenfassen, um sicherzugehen, dass du alles richtig verstanden hast. „Du meinst also, wenn ...“, „Dir ist wichtig, dass ...“, „Du möchtest …“ sind mögliche Anfänge, die zeigen, dass du aufmerksam und konzentriert zugehört hast. So lassen sich auch Fehlinterpretation aufdecken, zu denen wir neigen.
- **Lass dich nicht ablenken.**
  Welche Atmosphäre brauchst du, um aktiv zuhören zu können? Gerade neurodiverse Menschen mit beispielsweise einem ADHS-Thema, fällt es schwer, Außenreize auszublenden. Bist du davon betroffen, dann schaffe dir deinen Raum. Handy ausschalten, Licht

dämmen, Hintergrundgeräusche vermeiden sind einige Ideen. Durch deine Auswahl an Zeit und Ort kannst du passend einwirken. Merkst du, dass es gerade nicht passt, sende eine ICH-Botschaft: „Ich würde sehr gerne mehr darüber erfahren, doch ich brauche dafür mehr Ruhe, wollen wir uns woanders (oder später) verabreden?"

- **Wohlwollen und Ehrlichkeit.**
  Natürlich kann ein Mensch all diese Kennzeichen bewusst einsetzen um zu manipulieren. Also mit Absicht eine Wohlfühlatmosphäre schaffen, in der sich andere Menschen mit all den Gefühlen und Gedanken öffnen, um es dann für die eigenen Bedürfnisse zu nutzen. Es muss nicht immer ein böser Wille dahinterstecken, bei manchen hat ein Trauma dieses Programm als Überlebensstrategie auf die Festplatte geschrieben. Das ist jedoch keine Entschuldigung, sondern lediglich eine Erklärung. Prüfe dein Wohlwollen, deine Ehrlichkeit und deine Absichten beim aktiven Zuhören. Falls du als Sender deiner Botschaften ein ungutes Gefühl hast, sorgt eine ICH-Kommunikation dafür, dich einer eventuellen Manipulation zu entziehen „Ich möchte zurzeit mit dir darüber nicht reden!" ist eine mögliche Aussage, die keiner Rechtfertigung bedarf.

UND MANCHMAL IST SCHEISSE AUCH EINFACH SCHEISSE.

Entschuldige die drastischen Worte. Ich habe einige Situationen selbst erlebt oder von anderen Menschen gehört, bei denen es schwerfällt, wieder durch ein paar andere Gedanken und Tätigkeiten in einen ausgeglichenen Zustand zu kommen. Manchmal gibt es einfach keine Lösung. Manchmal muss man es akzeptieren, wie es ist, und lernen, mit den ausgelösten Emotionen umzugehen.

Das kann dir im zwischenmenschlichen Bereich so ergehen (ich denke gerade noch einmal an den unangeleinten Hund, der auf uns zugeschossen kam und seiner Halterin, die sich uneinsichtig zeigte), aber auch durch unumkehrbare Erlebnisse, die du selbst hattest. Im Kleinen wie im Großen!

Aus Stress- uns Resilienzsicht ist es wichtig, dass alle Emotionen ihren Raum haben dürfen (siehe Kapitel 3). Das heißt, du darfst deinen Ärger fühlen, er hat das Recht da zu sein. Er gibt dir eine Auskunft darüber, dass gegen deine Werte verstoßen wurde. Du weißt dann also, dass es zukünftig wichtig ist, so früh wie möglich für diesen Wert einzustehen, am besten zu einem Zeitpunkt, an dem du noch die Wahl hast und Entscheidungen treffen kannst.

Wenn du vor etwas steht, was du nicht ändern kannst, erlaube dir auf jeden Fall hineinzufühlen. Gebe den Emotionen ihren Platz. Nach der Zeit, die du und deine Gefühle brauchen, kannst du in eine bewusste Entscheidungsphase gehen. Eine wichtige Angelegenheit, denn an der Stelle entscheidest du dich, das Steuerrad wieder in die Hand zu nehmen und nicht das Opfer einer Situation oder eines Erlebnisses zu werden. Diese Selbstwirksamkeit bedeutet, dass du für dich und deine Gefühlswelt wieder die Verantwortung übernimmst, um aus der Abhängigkeit von anderen Menschen oder Situationen zu treten. Inwieweit ich mich beispielsweise von einem völlig fremden Menschen bei einem Spaziergang mit meinem Hund durch fiese Sprüche beeinflussen lasse, kann ich selbst entscheiden. **Es ist mein wie auch dein Recht, ungebetene Gäste gar nicht erst in unser Haus (Herz) zu lassen.** Die Verantwortung für diese Entscheidung trägst du, was die abgewiesenen Gäste daraus machen, ist dann ihre eigene Entscheidung.

Du kannst ganz bewusst folgende Fragen oder Aussagen nach einem nicht änderbaren Erlebnis treffen:

- Möchte ich mich jetzt **ablenken**, damit ich mehr Abstand zu dem Erlebten gewinne und dann erneut entscheiden, wie ich damit umgehe? Vielleicht wird das Problem etwas kleiner bis hin zu nichtig.

- Tut es mir gut, **tätig zu werden**? Vielleicht suche ich noch einmal das Gespräch, um meine Argumente darzulegen. Oder verändere ich lieber etwas anderes, weil ich mich damit gar nicht mehr auseinandersetzen möchte?
- Ich habe dem Ärger oder der Traurigkeit jetzt genug Raum gegeben und werde die Tür nun schließen. Ich wende mich wieder meinem Alltag zu und **akzeptiere**, dass ich die Situation nicht ändern kann.

Wenn du Situationen in der letzten Zeit durchgehst, bei denen du das Gefühl hattest, dem hilflos ausgeliefert zu sein, was wären mit dem jetzigen Abstand deine Möglichkeiten gewesen:

→ Ablenkung
→ tätig werden
oder
→ akzeptieren?

Übrigens ändert sich in dem Moment der echten Akzeptanz doch etwas: deine innere Haltung. Hier geht es nicht um eine Hilflosigkeit, sondern um eine bewusste Entscheidung, die du im Rahmen des so wichtigen Selbstwirksamkeitsgefühls treffen kannst. Jede blöd gelaufene Hundebegegnung, jedes dir unangenehme Verhalten deines Hundes und alle unschönen Situationen können so in der Rückblende eine neue Bewertung erfahren. Und manchmal ist scheiße auch einfach scheiße, manchmal kann man andere Menschen nicht ändern und es wird immer Erlebnisse geben, die einfach geschehen sind.

ABSCHLUSS

LILLY

Wie Lilly sich im Umgang mit Leo entwickelt hat, findest du im Buch „Resilienz bei Hunden" wieder. Viele Jahre später sind ihre Hunde die Hauptdarsteller, um den Bereich der Resilienz genauer zu durchleuchten.

Lilly ging durch einen langen Prozess der Veränderung, ein Weg, der nie aufhört, aber zunehmend weniger steinig und mühsam wird. Irgendwann kam sie an einem Punkt, wo sie die Gewissheit hatte, dass sie dem Prozess vertrauen darf und dass es dazu gehört, durch Tiefen zu gehen. Am Ende einer schwierigen Situation wartet immer eine Erkenntnis.

Lange Zeit hat sie das Problem ihres Stresses in dem Verhalten ihrer Hunde und der Umgebung gesehen. Mittlerweile lebt sie in der Gewissheit, selbst das Steuer in der Hand zu halten. Sie kann den Weg, das Tempo und das Ziel wählen. Pausen und manchmal auch Zurückrudern gehören genauso dazu.

Ihre Hunde sind gelassener geworden. Sie traut ihnen mehr zu, auch weil sie sich mehr zutraut. Manchmal schmunzelt sie über ihre alten Gedanken und Fehler, die sie gemacht hat. Dabei nimmt sie einen liebevollen Blickwinkel ein: Zu dem Zeitpunkt, mit dem Wissen und der Erfahrung, die sie hatte, war es nun einmal die Reaktion oder das Verhalten. Das ist in Ordnung! Dankbar und mit dem Wissen, dass jeder Mensch seine eigenen Erfahrungen in seinem Tempo machen muss, geht sie gelassener mit ihrer Vergangenheit um und schaut positiv in die Zukunft. Mit diesem Erfahrungsschatz kann sie alle weiteren Durststrecken gut überstehen.

Resilienz ist auch das Wissen, schlechte Zeiten überstanden zu haben und sich den eigenen Ressourcen bewusst zu werden, die dazu nötig waren. Wir Menschen können so viel mehr, als wir selbst glauben. Und dabei ist es völlig normal, auch schlechte Tage zu haben, genervt zu sein, etwas zu bereuen, sich schwach zu fühlen, nicht von jedem gemocht zu werden und an sich zu zweifeln. Das bedeutet Menschsein.

DANKSAGUNG

Die einjährige Reise dieser Bucherstellung war besonders intensiv. Viele Erlebnisse, die sehr tief gingen, haben meine Gedanken in dieser Zeit verändert. So sind in dieses Buch nicht nur meine berufliche Erfahrung und mein Wissen eingeflossen, sondern ebenfalls meine private Lebensreise. Der einjährige Auslandsaufenthalt unseres Sohnes (16 Jahre) enthielt viele Emotionen, einen heftigen Abschiedsschmerz, die Hoffnung eine gute Entscheidung getroffen zu haben und gleichzeitig ein Loslassen in eine viel zu frühe Selbstständigkeit. Danke für diese Erfahrung und immer noch Hut ab für deinen Mut, wir sind so stolz auf dich, Louis! Unser zweiter Sohn, der in diesem Jahr in eine andere Rolle hineinwuchs und uns als Eltern staunen ließ, danke Levi für dich und deine wundervollen Facetten! Alle Austauschschüler und -schülerinnen, die wir in der Zeit aufgenommen haben und die uns über den Tellerrand in andere Kulturen und Denkweisen blicken ließen – danke Felipe aus Brasilien, Bruno aus Ecuador und Maria aus Texas!

Danke an meine komplette Familie, die mir immer wieder zeigt, wie wichtig es ist, Rückhalt zu haben. Meine Schwester ist und bleibt der Fels in meiner Brandung und steigt genauso beherzt mit mir in jedes Fettnäpfchen, wie auch wieder hinaus. Meine Mama, die mir bedingungslose Liebe schenkt, mein Papa, der Sportler, der zeigt, wie wichtig Wille und Ehrgeiz sind, und mein Ehemann, der mir immer wieder den Rücken freihält und mich zu jedem neuen Projekt ermutigt (das bereits seit 24 Jahren!) DANKE!!! Ohne euch wäre das Buch nie so komplex und tiefgehend geworden, denn alle noch so theoretischen Gefühle durfte ich durch euch praktisch fühlen.

Danke auch an meine Hunde, die mir den Spiegel vorhalten, an alle Kunden, die mir vertrauen, an meine MitarbeiterInnen, die alle Ideen mittragen und an den KOSMOS Verlag, der mir den Freiraum zur Entfaltung schenkt und mich so wunderbar begleitet.

Einen Spezialdank an meine liebe Wegbegleiterin und Freundin Gülay. Egal welche Reise ich gerade mache, ob Buch, Hundetraining oder persönliche Weiterentwicklung, du schaffst den wunderbaren Wechsel zwischen zuhörender Unterstützung und konstruktiver Kritik.

ZUM WEITERLESEN

Nitzschner, Die Persönlichkeit deines Hundes
El Ayachi, Der zugewandte Hund

Bildnachweis
Mit 2 Schwarzweißfotos (S. 114 links: Malen nach Zahlen, und S. 114 rechts: johnnyjohn20430 auf pixabay) und 1 Schwarzweißzeichnung (S. 75: iStock/tintin75).

Impressum
Umschlaggestaltung von GRAMISCI Editorialdesign/Stefanie Wawer, unter Verwendung eines Farbfotos von Anna Auerbach/Kosmos.

Mit 2 Schwarzweißfotos und 4 Illustrationen.

FSC® www.fsc.org MIX Papier | Fördert gute Waldnutzung FSC® C014889

Gedruckt auf chlorfrei gebleichtem Papier

ISBN 978-3-440-17846-1
Redaktion: Katja Pauls
Gestaltung und Satz: DOPPELPUNKT, Stuttgart
Produktion: Angela List
Druck und Bindung: Friedrich Pustet GmbH & Co.KG, Regensburg
Printed in Germany / Imprimé en Allemagne